高等职业教育新形态系列教材

塑料模具数字化设计与实践

主　编　韦光珍　张玉平
副主编　黄　华　蒋小娟　杨　皓
参　编　胡慧芳　冉华安　尹　捷

北京理工大学出版社
BEIJING INSTITUTE OF TECHNOLOGY PRESS

内 容 简 介

本书基于益模模具设计大师软件,根据职业教育的特点与基本要求,详尽地介绍了塑料模具数字化设计知识与技能,属于手册式教材。

本书所选项目案例,由简单到复杂,符合人才培养的规律,是一本实用、好用的技术手册。

全书分为七个学习项目。项目一为概述;项目二为塑料模具数字化设计基本知识;项目三为简单难度电池盒模具设计;项目四为异径套模具设计(推板顶出);项目五为中等难度电池盒模具设计(含滑块斜顶抽芯);项目六为保护罩模具设计(含滑块抽芯);项目七为盖板模具设计(前模滑块)。

本书可作为模具设计与制造专业的塑料模具设计教学用书,需要安装 UG 三维建模软件,以及益模模具设计大师软件,也可作为模具企业塑料模具设计岗位技术人员技术入门和提升的一本实用手册。

版权专有 侵权必究

图书在版编目(CIP)数据

塑料模具数字化设计与实践 / 韦光珍,张玉平主编. -- 北京:北京理工大学出版社,2024.1(2024.9 重印)
ISBN 978 - 7 - 5763 - 3626 - 9

Ⅰ. ①塑… Ⅱ. ①韦… ②张… Ⅲ. ①数字技术 - 应用 - 塑料模具 - 设计 - 高等职业教育 - 教材 Ⅳ. ①TQ320.5

中国国家版本馆 CIP 数据核字(2024)第 024857 号

责任编辑:高雪梅	文案编辑:高雪梅
责任校对:周瑞红	责任印制:李志强

出版发行 / 北京理工大学出版社有限责任公司
社　　址 / 北京市丰台区四合庄路 6 号
邮　　编 / 100070
电　　话 / (010)68914026(教材售后服务热线)
　　　　　 (010)63726648(课件资源服务热线)
网　　址 / http://www.bitpress.com.cn
版 印 次 / 2024 年 9 月第 1 版第 2 次印刷
印　　刷 / 北京广达印刷有限公司
开　　本 / 787 mm×1092 mm 1/16
印　　张 / 16
字　　数 / 335 千字
定　　价 / 49.80 元

本书基于益模模具设计大师软件，根据职业教育的特点与基本要求，详尽地介绍了塑料模具数字化设计的知识与技能。

全书分为七个项目。项目一是塑料模具的概述；项目二介绍塑料模具数字化设计基本知识；项目三介绍简单难度电池盒模具设计；项目四介绍异径套模具设计（推板顶出）；项目五介绍中等难度电池盒模具设计（含滑块斜顶抽芯）；项目六介绍保护罩模具设计（含滑块抽芯）；项目七介绍盖板模具设计（前模滑块）（以二维码方式呈现）。

本书由重庆工业职业技术学院和武汉益模科技股份有限公司共同合作编写完成。

本书由重庆工业职业技术学院韦光珍和张玉平担任主编，武汉益模科技股份有限公司黄华、重庆工业职业技术学院蒋小娟和杨皓等担任副主编。另外，武汉益模科技股份有限公司尹捷、重庆工业职业技术学院胡慧芳和冉华安等参与了本书的编写工作。

由于编者水平有限，书中难免有错误和欠妥之处，恳请读者批评指正。

编 者

目 录

项目一 概述 ·· 1
 任务一 认识塑料及塑料成型 ·························· 2
 任务二 认识注塑机 ······································ 6
 任务三 注塑成型 ··· 8

项目二 塑料模具数字化设计基本知识 ············· 16
 任务一 分型面的确定 ································· 16
 任务二 浇注系统 ······································· 19

项目三 简单难度电池盒模具设计 ···················· 37
 任务一 模具成型零件设计 ·························· 37
 任务二 调用模架 ······································· 45
 任务三 浇注系统设计 ································· 48
 任务四 顶出系统设计 ································· 51
 任务五 冷却系统设计 ································· 53
 任务六 辅助零件设计 ································· 60

项目四 异径套模具设计（推板顶出） ············ 67
 任务一 模具成型零件设计 ·························· 67
 任务二 调用模架 ······································· 80
 任务三 冷却系统设计 ································· 95
 任务四 浇注系统设计 ······························· 107
 任务五 辅助零件设计 ······························· 113

项目五 中等难度电池盒模具设计（含滑块斜顶抽芯） ····· 120
 任务一 模具成型零件设计 ························ 120
 任务二 调用模架 ····································· 128
 任务三 浇注系统设计 ······························· 131
 任务四 滑块设计 ····································· 144
 任务五 斜顶设计 ····································· 150
 任务六 顶出系统设计 ······························· 157
 任务七 冷却系统设计 ······························· 160

1

任务八　辅助零件设计……168

项目六　保护罩模具设计（含滑块抽芯）……175
　　任务一　模具成型零件设计……175
　　任务二　模仁小镶件设计……184
　　任务三　调用模架……196
　　任务四　滑块设计……198
　　任务五　顶出系统设计……206
　　任务六　冷却系统设计……211
　　任务七　浇注系统设计……217
　　任务八　辅助零件设计……227
　　任务九　BOM表设计……234
　　任务十　工程图设计……237

附录1　不同塑料所用钢材型号参考列表……241

附录2　常见制品缺陷及产生原因……242

附录3　常用热塑性塑料……245

项目一　概　述

人们在日常工作和生活中，经常会碰到许多塑料制品。它们形态不一、五颜六色、功能多样，在不同环境中使用，能够满足人们的各种需求，如图 1-0-1 所示。实际上除了生活用品之外，塑料制品在农业生产、仪器仪表、医疗器械、食品工业、建筑器材、汽车工业、航空航天、国防工业等众多领域都得到了极为广泛的应用。

图 1-0-1　各类塑料制品

模具是用来制作成型制品的工具，它主要通过改变所成型材料的物理状态来实现外形的加工，这种工具由各种零件组成。

正是模具的存在，才使得大批量地复制、生产商品成为可能，极大提高了生产效率，满足了现代社会对商品的巨大需求。

模具号称工业之母，模具工业的技术水平几乎代表了加工制造业的最高水平。因此，世界各国均非常重视模具，并大力发展模具工业。通常一个国家的模具工业越先进，那么它的整个工业水平也就越先进！模具的技术水平已经成为衡量一个国家制造业水平高低的重要标准。我国要实现制造工业强国的梦想，模具必须先行。

塑料模具设计是一个非常重要且非常特殊的行业，在塑料模具制造业中具有举足轻重的地位。塑料模具设计负责决定整套模具的结构、技术定位、主要加工方法、加工设备、加工工艺、制造成本、质量、制造速度和使用寿命。塑料模具设计水平的高低，直接影响塑料模具制造企业的行业形象和声誉，以及企业的发展速度。

在塑料模具制造业，塑料模具设计师是第一个技术制定者，也是最后完成的确认者。当塑料模具的制造订单下发后，塑料模具设计师必须和产品设计师讨论所有相关的设计技术问题，然后才可以确定模具的结构设计。所以说，一旦塑料模具设计师结构设计出错，对公司来说，损失是巨大的，而且往往是无法挽救的。也正是因为这个原因，塑料模具设计师的地位非常特殊，也非常重要。

塑料模具设计的作用非常大，它能够让决策者在模具加工之前就能清楚看到模具的成本、质量、加工速度和使用寿命等方面；能够使各种加工实现数据化管理与控制，减少失败率、错误率，使很多技术隐患在加工之前就能被排除。所以说，设计是"看不见的效益，看不见的损失"，其利害是由塑料模具设计师的水平来决定的。一般而言，塑料模具制造厂必须有塑料模具设计师，而且是有较高水平且技术全面的塑料模具设计师。近年来，随着计算机2D、3D辅助设计技术的飞速发展，塑料模具设计显得更为重要，特别是3D设计软件（Pro/E 软件、UG 软件）的发展，通过其设计的模具就像一套真模具摆在面前一样，这一成绩也得到了业界的认可。

任务一　认识塑料及塑料成型

一、认识塑料

一提到塑料，人们并不陌生。如图 1-1-1 所示，塑料制品拿起来比较轻；放到水里会浮上来；当点燃塑料糖纸或塑料包装纸后，它会燃烧并且熔化滴落，不一会儿又凝固了，有时也会冒黑烟，并且发出刺鼻的气味⋯⋯

图 1-1-1　塑料

日常生活中的塑料确实曾给人们留下这些印象，但从模具设计的角度来讲，还需要更多地了解塑料本身的特点及其成型特性，如塑料的类型、缩水特性、防水特性、流动性等。只有了解这些特性才能够更好地指导模具设计。

塑料是指以有机合成树脂为主要成分，加入或不加入其他配合材料（添加剂）的高分子人造材料。它通常在加热、加压条件下可模塑成具有一定形状的产品，在常温下这种形状保持不变。

树脂有天然树脂和合成树脂之分。天然树脂是指由自然界中动植物分泌所得的无定形有机物质，如松香、琥珀、虫胶等。合成树脂是指由简单有机物经化学合成或某些天然产物经化学反应而得到的树脂产物。有些树脂可以直接作为塑料使用，如聚乙烯、聚苯乙烯、尼龙等，但多数树脂必须在其中加入一些添加剂，才能作为塑料使用，如酚醛树脂、氨基树脂、聚氯乙烯等。

添加剂是指分散在塑料分子结构中，不会严重影响塑料的分子结构，却能改善其性质或降低其成本的化学物质。添加剂的加入，能改进塑料基材的加工性、物理性、化学性等功能并增加基材的物理、化学特性。除了极少一部分塑料含有100%的树脂外，绝大多数的塑料，除了主要组成成分树脂外，都需要加入添加剂。常用的添加剂有填充剂、增塑剂、稳定剂、润滑剂、着色剂等。

1. 填充剂

填充剂又称填料。填充剂有两种不同的类型，一种是从植物或动物身上得到的，如木头、布料、纸张和各种毛发等；另一种是从矿物或化学品中提取的，如玻璃、泥土、石头、黑色粉末等。配制塑料时加入填充剂的目的是改善塑料的成型加工性能，提高塑料制品的某些性能，赋予塑料新的性能并降低成本。例如，在酚醛树脂中加入木粉，既克服了它的脆性，又降低了成本。

2. 增塑剂

增塑剂是能与树脂相溶，且具有低挥发性、高沸点等特点的有机化合物，它能够增加塑料的可塑性和柔软性，改善其成型性能，降低其刚性和脆性，使塑料易于加工成型。例如，生产聚氯乙烯塑料时，若加入较多的增塑剂便可得到软质聚氯乙烯塑料，若不加或少加增塑剂（用量<10%），则得到硬质聚氯乙烯塑料。增塑剂一般是能与树脂混溶，且无毒、无臭，对光、热稳定的高沸点有机化合物，最常用的是邻苯二甲酸酯类。

3. 稳定剂

为了防止合成树脂在加工和使用过程中受光和热的作用被分解和遭到破坏，延长塑料的使用寿命，要在其中加入稳定剂。常用的稳定剂有硬脂酸盐、环氧树脂等。

4. 着色剂

大多数合成树脂的本色是白色半透明或无色透明，着色剂可使塑料具有各种鲜艳、美观的颜色。常用有机染料和无机颜料作为着色剂。

5. 润滑剂

润滑剂的作用是防止塑料在成型时黏在金属模具上，同时可使塑料的表面光滑美观。常用的润滑剂有硬脂酸及钙镁盐等。

6. 抗氧剂

抗氧剂用于防止塑料在加热成型或在高温使用过程中受热氧化，从而变黄、发裂等。

除了上述添加剂外，塑料中还可加入阻燃剂、发泡剂、抗静电剂等，以满足不同的使用要求。

塑料用途广泛，种类繁多制品呈现多样化，不同的塑料具有不同的性质。塑料以玻璃态、高弹态、黏流态3种形态存在。塑料一般采用模具成型，成型方法包括注塑成型、挤塑成型、吹塑成型、压塑成型和压注成型等。

二、塑料的特点

1. 质量小、比强度高

塑料是质量较小的材料，相对密度为 0.9～2.2。特别是泡沫塑料，因为里面有微孔，质地更轻，相对密度仅为 0.01。这种特性使得塑料可用于要求减轻自重的产品中。塑料的机械强度虽不及金属及陶瓷，但比强度（强度与密度的比值）比较高，故可制作轻质、高强度的塑料制品。如果在塑料中填充玻璃纤维，则其强度和耐磨性还可大大提高。

2. 化学稳定性优良

塑料不会像金属那样易生锈或受到化学药品的腐蚀，使用时不必担心酸、碱、盐、油类、药品、潮湿及霉菌等的侵蚀。特别是俗称塑料王的聚四氟乙烯（F4），它的化学稳定性甚至胜过黄金，放在王水中煮十几个小时也不会变质。由于 F4 具有优异的化学稳定性，是理想的耐腐蚀材料，因此其可以作为输送腐蚀性和黏性液体管道的材料。

3. 既是绝缘产品，又能制作导电部件

塑料本身是很好的绝缘物质，可以说目前没有哪一种电气元件是不使用塑料的。但如果在塑料中填充金属粉末或碎屑加以成型，还可制成导电良好的产品。

4. 不易传热，减振、消声性能优良，透光性好

一般来讲，塑料的导热性是比较低的，相当于钢的 1/225～1/75。泡沫塑料的微孔中含有气体，其具有隔热、隔声、防振性好的特点。将塑料窗体与中空玻璃结合起来，在住宅、写字楼、病房、宾馆中使用，冬天节省暖气、夏季节约空调开支，好处十分明显。

5. 机械强度分布广

有的塑料坚硬如石头、钢材，有的塑料柔软如纸张、皮革。从塑料的硬度、抗张强度、延伸率和抗冲击强度等力学性能方面看，其适用范围广，有很大的选择余地。

但与其他材料相比，塑料也存在着明显的缺点。

（1）耐热性差、易于燃烧。这是塑料最大的缺点，多数塑料燃烧时会产生大量的热、烟和有毒气体。例如，聚苯乙烯燃烧时会产生甲苯，这种物质可能会导致失明，吸入时会产生呕吐等症状。

（2）随着温度的变化，性质会有所改变。

（3）机械强度较低。与同样体积的金属相比，塑料的机械强度低得多，特别是薄壁塑料制品，这种差距尤为明显。

（4）耐候性差，易老化。塑料的强度、表面光泽或透明度都不耐久，且受负荷有蠕变现象。另外，塑料不能被紫外线及太阳光照射，在光、氧、热、水及大气等环境作用下易老化。

（5）易受损伤，也容易沾染灰尘及污物。塑料的表面硬度都比较低，容易受损伤。另外，由于塑料是绝缘体，会产生静电，因此容易沾染灰尘。

（6）尺寸稳定性差。与金属相比，塑料的收缩率很高，而且易受注射成型工艺参数的影响，波动性较大，不易控制，因此塑料制品的尺寸精度比较低。另外，塑料制品在使用期间受潮、吸湿或温度发生变化时，尺寸易随使用时间增长而发生变化。

（7）塑料无法自然降解。塑料无法自然降解，造成了严重的环境污染。即使将其埋藏在地底下，几百年、几千年甚至几万年也不会腐烂，严重污染土壤；而其焚烧产生的有害烟尘和有毒气体，同样会对大气环境造成污染。

三、塑料的分类

塑料的分类方法比较多，根据塑料受热后的性质不同可将其分为热塑性塑料和热固性塑料。

1. 热塑性塑料

热塑性塑料是指以热塑性树脂为主要成分，在特定温度范围内能反复加热软化和冷却硬化的塑料，如聚乙烯、聚四氟乙烯等，即通过加热及冷却，可以不断地在固态和液态之间发生可逆物理变化的塑料。

人们日常生活中使用的大部分塑料都属于这个范畴。因为此类塑料可以回收并再次利用，所以注塑模具多用此类塑料成型产品。

热塑性塑料主要包括聚乙烯（PE）、聚丙烯（PP）、聚苯乙烯（PS）、聚甲基丙烯酸甲酯（PMMA，又称有机玻璃）、聚氯乙烯（PVC）、尼龙（nylon）、聚碳酸酯（PC）、聚氨酯（PU）、丙烯腈-丁二烯-苯乙烯（ABS）、聚酰胺（PA）。

2. 热固性塑料

热固性塑料是一种在加热或添加化学品时会硬化的塑料，硬化后的塑料不会再溶解或软化，也不能回收再利用。热固性塑料的主要成分是热固性树脂，它们通过交联反应形成不可逆的化学键。

热固性塑料主要包括酚醛树脂（PF）、脲醛树脂（UF）、三聚氰胺甲醛树脂（MF）、不饱和聚酯树脂（UPR）、环氧树脂（EP）、有机硅树脂（SI）、聚氨酯（PU）等。热固性塑料通常用于制造耐热、耐腐蚀、耐机械蠕变的部件，如电子外壳、管道、汽车零部件等。

根据塑料用途的不同，又可以将其分为通用塑料、工程塑料、特种塑料。

通用塑料是指产量大、价格低、应用范围广的塑料，主要包括聚烯烃、聚氯乙烯、聚苯乙烯、酚醛塑料和氨基塑料五大品种。人们日常生活中使用的许多制品都是由这些通用塑料制成的。

工程塑料是指可作为工程结构材料或代替金属制造机器零部件等的塑料，如聚酰胺、聚碳酸酯、聚甲醛、ABS 树脂、聚酰亚胺等。工程塑料具有密度小、化学稳定性高、力学性能良好、电绝缘性优越、加工成型容易等特点，广泛应用于汽车、电器、化工、机械等领域。

特种塑料是指具有特种功能，可用于航空、航天等特殊应用领域的塑料。例如，氟塑料和有机硅具有突出的耐高温、自润滑等特殊功用，增强塑料和泡沫塑料具有高强度、高缓冲性等特殊性能，这些塑料都属于特种塑料的范畴。

任务二　认识注塑机

一、注塑机简介

生产塑料产品，首先需要把塑料熔化成塑胶，然后再把塑胶灌入模具型腔中，这一系列操作需要专门的机器来完成，这个专门的机器称为注塑机。

注塑机的工作原理与打针用的注射器有点相似，它是一种专用的塑料成型机械，利用塑料的热塑性，将其加热熔化后，加以高压使其快速流入模具型腔内部，经过一段时间的保压和冷却，从而成为各种形状的塑料制品。

注塑机的分类方法很多，按塑化方式可分为柱塞式注塑机和螺杆式注塑机；按合模方式可分为机械式注塑机、液压式注塑机、液压-机械式注塑机；按合模部件与注射部件配置的型式又可分为卧式注塑机、立式注塑机、角式注塑机。

本任务重点介绍工程中常用的卧式螺杆式注塑机，如图1-2-1所示。

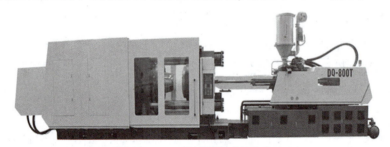

图1-2-1　卧式螺杆式注塑机

注塑机通常由注射系统、合模系统、液压传动系统、电气控制系统、润滑系统、加热及冷却系统、安全监测系统等组成。

1. 注射系统

注射系统是注塑机最主要的组成部分之一，它能够使塑料在螺杆的旋转推进下均匀塑化，在高压下快速注入模具。注射系统包括料斗、料筒、螺杆、喷嘴、加压和驱动装置等，如图1-2-2所示。

（1）螺杆在料筒内旋转时，首先将来自料筒入口的塑料卷入料筒，并逐步将其向前推送、压实、排气和塑化，随后塑料熔体就不断地被推到螺杆顶部与喷嘴之间，而螺杆本身则因受熔体的压力而缓慢后移。当积存的熔体达到一次注塑量时，螺杆停止转动。注塑时，螺杆传递液压力或机械力使熔体注入模具。

（2）料斗是注塑机的加料装置，有的注塑机还配有自动上料装置或者加热装置。

（3）料筒是为塑料加热和加压的容器，具有耐压、耐热、耐疲劳、抗腐蚀、传热性好等特点。料筒外部一般都配有加热装置，可以实现分段加热和控制。

（4）喷嘴是连接料筒和模具的过渡部分，注塑时，料筒内的熔体在螺杆作用下，高压快速流经喷嘴注入模具。

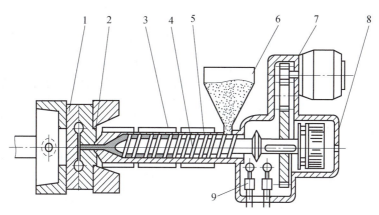

图1-2-2 注射系统

1—模具；2—喷嘴；3—加热器；4—螺杆；5—料筒；6—料斗；7—螺杆传动装置；8—注射液压缸；9—行程开关

2. 合模系统

合模系统的作用是保证成型模具能灵活、准确、迅速、可靠且安全地进行启闭。在注射时，其保证模具能够紧密闭合，以防止塑料熔体向外溢出，影响制品的质量和外观；在脱模时，其保证模具能够平稳开启，以便顺利取出制品，避免损坏模具和制品；在换模时，其保证模具能够快速拆卸和安装，以提高生产效率；在调整时，其保证模具能够适应不同尺寸和形状的制品，增加生产的灵活性；在运行时，其保证模具能够安全可靠，避免发生事故和故障，从而延长模具的使用寿命。合模系统主要由动模板、定模板、拉杆、合模机构、制品顶出机构及安全防护机构等组成。

3. 液压传动系统

液压传动系统的作用是为实现注塑机按工艺过程要求的各种动作提供动力，并满足注塑机各部分所需的压力、速度、温度等要求。它主要由各种液压元件和液压辅助元件组成，其中油泵和电机是注塑机的动力来源，由各种阀控制油液的压力和流量，以满足注射成型工艺的各项要求。

4. 电气控制系统

电气控制系统与液压传动系统合理配合，实现注塑机的工艺过程要求（包括压力、温度、速度、时间）和各种程序动作，其主要由电气电子元件、仪表、加热器、传感器等组成。

5. 加热及冷却系统

加热系统用来加热料筒和喷嘴，使塑料能够熔化和塑化。加热系统一般采用电热圈作为加热装置，安装在料筒的外部，并用热电偶分段检测温度。热量通过筒壁导热为物料塑化提供热源。冷却系统用来冷却油温和料筒，防止油温过高导致故障，也防止料筒下料口附近的塑料熔化，影响正常下料。冷却系统一般采用水冷或风冷的方式，通过冷却管或风扇对油温和料筒进行冷却。加热及冷却系统对注塑机的工作效率和制品质量有重要影响，因此需要根据不同的塑料和模具，合理地设置和控制加热温度和冷却速度。

6. 润滑系统

润滑系统为注塑机的动模板、调模装置、连杆机铰、射台等有相对运动的部位提供润滑条件的回路，以减少能耗并提高零件寿命。

为了保证在 4 根导柱上形成润滑油膜，可采用机械油通过油杯、油绳润滑；对于箱内的、经淬硬处理的正齿轮和调质轴应保证均匀可靠的润滑油膜，一般采用油杯和飞溅润滑法即可满足润滑要求；对于螺杆、螺母等摩擦节点较小的部位，润滑油应具有较好的油性，一般采用全损耗系统用油通过油杯、油绳润滑；润滑可以是定期的手动润滑，也可以是自动的电动润滑。

7. 安全监测系统

安全装置是用来保护人员、机器安全的装置，主要由安全门、液压阀、限位开关、光电检测元件等组成，实现电气→机械→液压的连锁保护。监测系统主要对注塑机的油温、料温、系统超载，以及工艺和设备故障进行监测，发现异常情况进行指示或报警。

任务三　注塑成型

注塑成型是一种塑料制造工艺，它利用高温和高压将塑料熔化并注入预先设计好的模具中，然后冷却固化，形成所需形状和尺寸的塑料制品。注塑成型的优点是可以快速、高效、精确地生产出各种复杂的塑料制品，适用于大批量生产和定制生产。

一、注塑成型过程

注塑成型过程可分为填充、保压、冷却、开模、脱模、合模等几个连续的步骤，这些步骤周而复始，从而形成了一个完整的生产周期。

1. 填充

填充是指在液压缸或机械力的作用下，注塑机的螺杆推动熔体通过喷嘴注入模具。填充是整个注塑成型过程的第一步，从模具闭合开始注塑起，到模具型腔填充达到大约 95% 为止。

2. 保压

熔体充满模腔后会冷却收缩，为弥补收缩，使制品密度提高，螺杆仍需继续对熔体保持一定的压力，使熔体继续被挤压注入模具型腔。

3. 冷却

冷却是指在模具的型腔中，熔体逐渐冷却并固化成为塑料制品的过程。冷却时间的长短取决于塑料的性质、制品的厚度、模具的温度等因素。冷却时间过长或过短都会影响制品的质量和效率。由于冷却时间占整个成型周期的 70%~80%，因此，设计良好的冷却系统可以大幅缩短成型时间，提高生产效率，降低成本。设计不当的冷却系统会使成型时间变长，增加成本，甚至导致冷却不均匀，进一步造成塑料制品的翘曲变形。

4. 开模

开模是指制品冷却定型后，注塑机的合模装置带动模具的动模部分与定模部分分离。

5. 脱模

脱模是指冷却完成后，打开模具，将制品从型腔中推出或取出。其过程为，注塑机的顶出机构顶出塑件,之后通过人力或机械手取出塑件制品或浇注系统冷凝料等。脱模方式不当,可能会导致制品在脱模时受力不均,从而引起制品变形等缺陷。

6. 合模

合模是指顶出制品后,模具的动模部分在注塑机合模系统作用下,向前移动与定模部分合拢,等待下一次填充。

二、注塑成型工艺

注塑成型的工艺条件主要包括温度,压力和时间等。

1. 温度

注塑成型过程中的温度主要有熔料温度和模具温度。熔料温度影响塑化和注塑充模,模具温度影响充模和冷却定型。

熔料温度是指塑料在料筒内加热熔化后,从喷嘴注入模具时的实际温度。熔料温度影响塑料的塑化和流动性能,进而影响注塑成型的质量和效率。熔料温度过高或过低都会造成一些问题。熔料温度过高,会导致塑料分解或降解,产生气泡、烧焦、色差等缺陷,同时也会增加料筒的磨损和能耗,降低生产效率。熔料温度过低,会导致塑料塑化不充分、流动性差、填充不均匀,产生缩痕、熔接痕、应力裂纹等缺陷,同时也会增加注射压力和时间,降低生产效率。

因此,选择合适的熔料温度是注塑成型的重要工艺条件之一,应根据不同的塑料种类、制品结构、模具设计和注塑机性能等因素综合考虑。一般来说,熔料温度应在塑料的熔胶温度分布范围之内,这样既能保证塑料的良好塑化和流动,又能避免塑料的过热和分解。

模具温度是指和制件接触的模腔表面温度。模具温度直接影响熔体的充模流动速度、制件的冷却速度和制件最终质量。提高模具温度可以改善熔体在模腔内的流动性,增强制件的密度和结晶度,并减少充模压力和制件中的压力。但是,提高模具温度会增加制件的冷却时间、增大制件收缩率和脱模后的翘曲,制件成型周期也会因为冷却时间的增加而变长,降低生产效率。而降低模具温度,虽然能够缩短冷却时间、提高生产效率,但是,会降低熔体在模腔内的流动能力,并导致制件产生较大的内应力或者形成明显的熔接痕等缺陷。

2. 压力

注塑成型过程的压力主要包括注塑压力、保压压力和背压。

注塑压力是指在注塑过程中,由螺杆前面的塑料流动阻力产生的压力,又称注射压力。注塑压力的大小和方向影响塑料熔体在模具型腔内的填充和补料,以及制品的质量和尺寸。只有选择合适的注塑压力才能保证熔体在注塑过程中具有较好的流动性能和充模性能,同时保证制件的成型质量。注塑压力的设定需要根据产品的结构、形状、大小、厚度、材料、模具、机器等多方面的因素来综合考虑。

保压压力是指对模腔内熔体进行压实及维持向模腔内进行的补料流动所需要的压力。在注塑成型过程中,当模具型腔快要充满时,注塑机螺杆的运动从流动速率控制转换为压力控制。在该阶段,模腔中的塑料熔体被压实,一般而言,模腔填满后有8%~12%模腔体积的塑料熔体需要通过保压压力压实到模腔之中。保压压力的作用是补充模腔内塑料的收缩，防止塑件出现短射、缩水、熔接痕等缺陷，同时也可以提高塑件的尺寸精度和表面质量。保压压力和保压时间的选择直接影响注塑制品的质量，保压压力与注塑压力一样都由液压系统决定。在保压初期，制品质量随保压时间的增加而增加，达到一定时间后不再增加。延长保压时间有助于减少制品的收缩率，但过长的保压时间会使制品在两个方向上的收缩程度出现差异，令制品各个方向的内应力差异增大，从而造成制品翘曲、黏模。在保压压力及熔体温度一定时，保压时间的选择应取决于浇口凝固时间。保压压力的设定需要根据塑料的性质、塑件的结构和厚度、模具的浇口和通道等因素来综合考虑。一般来说，保压压力及速度是塑料充填模腔时最高压力及速度的50%~65%，即保压压力比注射压力大约低0.6~0.8 MPa。

背压是指螺杆后退时受到的反向压力。背压越大，熔体的塑化效果越好，但是塑化能力也越低。背压的大小取决于树脂原料、喷嘴和加料方式。增大背压可以排出原料中的空气，提高熔体密实程度；增大熔体内的压力，降低螺杆后退速度；使塑化过程的剪切作用加强、摩擦热增多、熔体温度上升，提高塑化效果。但是背压增大后，如果不相应提高螺杆转速，那么，熔体在螺杆计量段螺槽中将会产生较大的逆流和漏流，从而使塑化能力下降。背压的大小与制品成型树脂原料的品种、喷嘴种类及加料方式有关。

3. 时间

注塑成型周期是指在注塑成型过程中，从模具闭合，开始注射，到注射结束所经历的时间，主要由注塑时间、保压时间、冷却时间和开模时间组成。

注塑时间是指注塑活塞在注塑油缸内开始向前运动直至模腔被全部充满所经历的时间。

保压时间是指从模腔充满后开始，到保压结束所经历的时间。

注塑时间与保压时间由制件成型树脂原料的流动性能、制件几何形状、制件尺寸大小、模具浇注系统的形式、成型所用的注塑方式和其他工艺条件等因素决定。

冷却时间是指保压结束到开启模具所经历的时间。冷却时间的长短受熔体温度、模具温度、脱模温度和冷却剂温度等因素的影响。冷却时间变长，会降低生产效率，还可能造成几何形状复杂的制件脱模困难。

开模时间是指模具开启取出制件到下个成型周期开始的时间。注塑机的自动化程度高，模具复杂度低，则开模时间短，否则开模时间较长。

三、塑料模具分类

在高分子材料加工领域中，用于塑料制品成型的模具，称为塑料成型模具，简称塑料模。在现代塑料制品生产中，合理的加工工艺、高效率的设备和先进的模具，被誉为塑料制品成型技术的"三大支柱"。尤其是塑料模对实现塑件加工工艺要求、塑件使用要求和塑件外观造型要求，起着无可替代的作用。高效全自动化设备，也只有在装上能自动化生产的模具时才能发挥其应有的效能。按照塑料制品成型方法的不同，塑料模可以分为很多类型，其中主要的类型有以下几种。

（一）注塑模

通过注塑机的螺杆或活塞，使料筒内塑化熔融的塑料经喷嘴与浇注系统注入模具型腔，并固化成型所使用的模具,称为注塑模。注塑模主要用于热塑性塑料制品成型,近年来也越来越多地用于热固性塑料制品成型。这是一类用途广、占有比重大、技术较为成熟的塑料模具。

根据材料、塑件结构或成型过程的不同,注塑模可分为热固性塑料注塑模、结构泡沫注塑模、反应成型注塑模及气辅注塑模等。根据注塑模浇注系统基本结构的不同可将其分为三类:第一类是二板模具,又称大水口模具;第二类是三板模具,又称细水口模具;第三类是热流道模具,又称无流道模具。其他模具,如有侧向抽芯机构的模具、内螺纹机动脱模机构的模具、定模推出的模具和复合脱模的模具等,都是由这三类模具发展而成的。

1. 二板模具

二板模具又称大水口模具或单分型面模具,典型结构如图 1-3-1 所示,其浇注系统一般为侧浇口。二板模具是注塑模中最简单、应用最广泛的一种模具,它以分型面为界将整个模具分为动模和定模两部分。一部分型腔在动模,一部分型腔在定模。主流道在定模,分流道开设在分型面上。开模后,塑件和流道凝料留在动模,塑件和浇注系统凝料从同一分型面内取出,动模部分设计推出系统,开模后将塑件推离模具。其他模具都是由二板模具发展而成的。

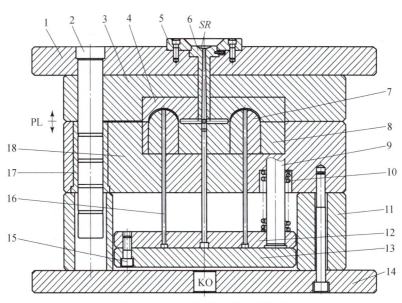

图 1-3-1 二板模具典型结构图

1—定模固定板;2—导柱;3—定模A板;4—定模镶件;5—定位圈;6—浇口套;7—动模型芯;8—动模镶件;9—复位杆;10—复位弹簧;11—方铁;12—推杆固定板;13—推杆底限位钉;14—动模固定板;15—螺钉;16—推杆;17—导套;18—动模B板

二板模具设计的注意事项包括以下几点。

(1) KO 孔不能小于注塑机的顶棍直径。

(2) 推出行程要保证塑件能完全脱出。

(3) 在自动注塑生产时,要保证塑件和浇注系统凝料能完全安全地脱出模腔;在半自动或手动生产时,要保证塑件能轻易取出。

（4）浇口套球形半径 SR 必须大于注塑机的喷嘴半径。

2. 三板模具

三板模具又称细水口模具或双分型面模具。三板模具的浇注系统一般为点浇口。三板模具开模后分成三部分，比二板模具增加了一块脱料板（又称水口板），适用于塑件的四周不能有浇口痕迹或投影面积较大，需要多点进料的场合。这种模具结构较复杂，需要设计定距分型机构。

三板模具又分为标准型三板模具和简化型三板模具。

（1）标准型三板模具。

标准型三板模具的典型结构如图1-3-2所示。

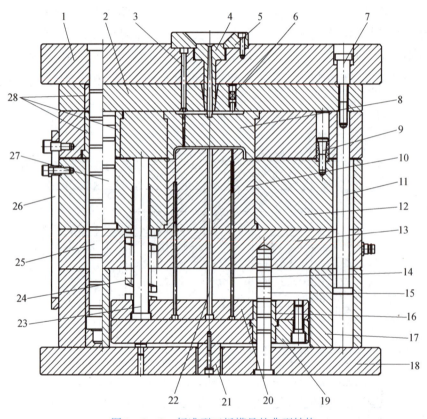

图1-3-2 标准型三板模具的典型结构

1—定模固定板；2—脱料板；3—流道拉杆；4—浇口套衬套；5—定位圈；6—开模弹簧；7—限位螺钉；8—定模镶件；9—尼龙塞；10—动模镶件；11—小拉杆；12—动模B板；13—托板；14—推杆；15—推杆板导柱；16、28—导套；17—方铁；18—动模固定板；19—推杆底板；20—推杆固定板；21—顶棍；22—推杆；23—复位杆；24—复位弹簧；25—定模导柱；26—拉环；27—动、定模导柱

模具设计时需注意以下几点。

① $2B \leqslant S + (20 \sim 30 \text{ mm})$。

② $B \geqslant 100$ mm。

③ A 取 $8 \sim 12$ mm。

④其他注意事项同二板模具。

其中，A 为分型面 2 开模距离；B 为分型面 1 开模距离；S 为流道凝料高度。

(2) 简化型三板模具。

简化型三板模具只是比标准型三板模具少 4 根动、定模板之间的导柱，典型结构如图 1-3-3 所示。

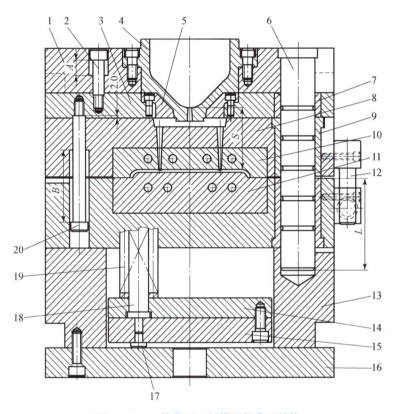

图 1-3-3 简化型三板模具的典型结构

1—定模固定板；2—限位螺钉；3—脱浇板；4—浇口套；5—衬套；6—导柱；7,9—导套；8—定模 A 板；10—定模镶件；11—动模镶件；12—扣基；13—方铁；14—推杆固定板；15—推杆底板；16—动模固定板；17—限位钉；18—复位杆；19—复位弹簧；20—小拉杆

由于简化型三板模具比标准型三板模具减少了 4 根动模导柱，因此定模导柱必须同时对脱浇板、定模 A 板和动模 B 板导向，$L \geqslant A + B + 20$ mm，其他注意事项同标准型三板模具。简化型三板模具的精度和刚度比标准型三板模具差，使用寿命也比标准型三板模具短。

3. 热流道模具

热流道模具又称无流道模具，包括绝热流道模具和加热流道模具。这种模具浇注系统内的塑料始终处于熔融状态，因此在生产过程中不会（或者很少）产生二板模具和三板模具那样的浇注系统凝料。热流道模具既有二板模具结构简单的优点，又有三板模具熔体可以直接从型腔内任一点进入的优点。此外，热流道模具没有熔体在流道中的压力、温度和时间的损失，所以它既提高了模具的成型质量，又缩短了模具的成型周期，是注塑模浇注系统技术的重大革新。在注塑模技术高度发达的日本、美国和德国等国家，热流道模具的使用非常广泛，所占比例约为70%。由于经济和技术方面的原因，热流道模具目前在我国使用得并不广泛，但随着我国注塑模技术的发展，热流道模具将是我国注塑模浇注系统未来发展的主要方向。图1-3-4所示为热流道模具的典型结构。

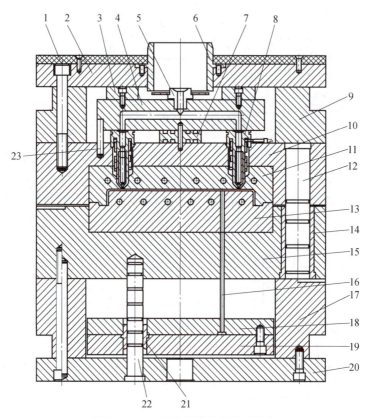

图1-3-4 热流道模具的典型结构

1—隔热板；2—定模面板；3—隔热片；4—热流道板；5—一级热射嘴；
6—定位圈；7—中心隔热垫片；8—二级热射嘴；9—定模方铁；10—定模A板；11—定模镶件；
12—导柱；13—动模镶件；14—导套；15—动模B板；16—推杆；17—动模方铁；18—推杆固定板；
19—推杆底板；20—动模底板；21—推件板导柱；22—推件板导套；23—定位销

（二）压缩模

借助加压和加热，使直接放入型腔内的塑料熔融并固化成型所使用的模具，称为压缩模。压缩模主要用于热固性塑料制品的成型，但也可用于热塑性塑料制品的成型。

（三）压注模

通过柱塞，使加料腔内塑化熔融的塑料经浇注系统注入闭合型腔，并固化成型所使用的模具，称为压注模。压注模多用于热固性塑料制品的成型。

（四）挤出模

用于连续挤出成型塑料型材的模具，称为挤出模，又称挤出机头。这是另一类用途很广、品种繁多的塑料模具。挤出模主要用于塑料棒材、管材、板材、片材、薄膜、电线电缆包覆、网材、单丝、复合型材及异型材等的成型加工。此外，它也可用于中空制品的型坯成型，此种模具称为型坯模或型坯机头。

（五）中空吹塑模

将通过挤出或注射得到的、尚处于塑化状态的管状型坯，趁热放于模具型腔内，并立即向管状型坯中心通入压缩空气，使型坯膨胀而紧贴模具型腔壁，再经冷却固化后即可得到中空制品。这种塑料制品成型方法所使用的模具，称为中空吹塑模。中空吹塑模主要用于热固性塑料的中空容器类制品的成型。

（六）气压成型模

气压成型模通常由单一的阴模或阳模组成。将预先制备的塑料片材紧压于模具周边，并加热使其软化，然后在紧靠模具一侧抽真空，或在其反面充入压缩空气，使塑料片材紧贴模具，经冷却定型后即可得到热成型制品。此类制品成型所使用的模具，称为气压成型模。

项目二 塑料模具数字化设计基本知识

任务一 分型面的确定

注塑模具的价值之一在于可以同时成型多个相同或不同的塑料零件,从而大大提高生产速度和企业的经济效益。在设计模具之前,一般都要制订分模表。分模表中要明确注明每副模具要成型的塑件名称和数量,这样可以帮助模具制造商更好地了解客户需求,从而设计出更符合客户要求的模具。

一、型腔数量的确定及布置

1. 型腔数量的确定

模具型腔的数量,通常是根据产品的批量、塑料制品的大小、精度、用料以及颜色来确定的,同时还必须兼顾塑料的成型工艺、成型设备及模具的制作等其他因素。型腔数量如果不合理,则会导致熔体填充不良,严重时甚至会导致模具的失败。

型腔数量的确定方法有很多种,设计时要选择塑件的精度、生产的经济性、具体生产条件等中的一种作为设计条件,其余视具体情况作为校核条件。塑料模具的型腔数量不是固定的,要看塑件的要求和生产的成本。设计时,从多种方法中选择一种作为设计条件,然后根据实际情况检查其他方法是否合适。

(1) 按注塑机的最大注射量确定型腔数量 n_1,即

$$n_1 \leqslant \frac{km_{\max} - m_j}{m_i}$$

式中　$m_{\max}$——注塑机的最大注射量,cm^3 或 g;

m_j——浇注系统及飞边的体积或质量,cm^3 或 g;

m_i——单个塑件的体积或质量,cm^3 或 g;

k——最大注射量的利用系数,一般取 0.8。

(2) 按注塑机的锁模力大小确定型腔数量 n_2,即

$$n_2 \leqslant \frac{F_0/p - A_j}{A_i}$$

式中　F_0——注塑机的额定锁模力;

p——塑料熔体对型腔的平均成型压力,MPa;

A_j——浇注系统在模具分型面上的投影面积，mm²；

A_i——单个塑件在模具分型面上的投影面积，mm²。

（3）按塑件的精度要求确定型腔数量 n_3，即

$$n_3 \leqslant 2\,500\,\frac{x}{\delta L} - 24$$

式中　x——产品的尺寸公差，mm；

　　　δ——单型腔模具加工时，可能达到的尺寸公差，mm；

　　　L——产品的基本尺寸，mm。

由于多模腔难以确保各腔的成型条件一致，因此成型高精度塑件时，模腔不宜过多，通常不超过 4 腔，且必须采用平衡布置分流道的方式。

（4）按经济性确定型腔数量 n_4，即

$$n_4 = \sqrt{\frac{NYt}{60C_1}}$$

式中　Y——每小时注射成型加工费，元；

　　　t——成型周期，min；

　　　C_1——每个型腔的模具费用，元。

一般大型薄壁塑件、需三向或四向长距离抽芯塑件等，为保证塑件成型，型腔数量通常只能采用一模一腔；回转体类零件常采用直接浇口、盘形浇口轮辐式或爪形浇口成型，这类浇口用在普通浇注系统的模具中，型腔数量通常只能是一模一腔。

模具型腔数量必须取 $n_1 \sim n_3$ 中的最小整数值（切记算出的数值不能四舍五入，只能舍去小数取整），n_4 可供参考。若型腔数量接近 n_4，则表明可以取得较佳的经济效益。此外，选择模具型腔数量时还应注意模板尺寸、脱模结构、浇注系统、冷却系统等方面的限制。

2. 多型腔的布局

型腔布局和浇注系统的形式有紧密关系，浇注系统的排布方式有平衡式和非平衡式两种。

浇注系统的平衡式排布就是每个型腔的料流通道都一样长、一样大、具有一样的形状，这样就能保证料流阻力都一样，方便均匀送料，让每个型腔都同时充满，从而使每个型腔的塑件性能都差不多。非平衡式排布就是每个型腔的料流通道长度都不一样，这样就能节省流道的长度，但是要让每个型腔都同时充满，就必须把浇口做成不一样的大小。这种方式有时候要改来改去，才能让每个型腔同时充满。所以，要求很高的塑件不适合用非平衡式布置。

型腔的布局一般有直线排列、H 形排列、圆形排列等，它们各有优缺点。直线排列所需模板尺寸较小，容易加工，但不利于浇注系统的平衡；H 形排列、圆形排列虽然有利于浇注系统的平衡，但所需的模板尺寸大，加工困难。图 2-1-1 所示为一模十六腔的几种排列方案，从平衡的角度来看，图 2-1-1（b）、图 2-1-1（c）所示的布局比图 2-1-1（a）所示的布局好；从加工难易的角度来看，图 2-1-1（a）所示的布局更好。

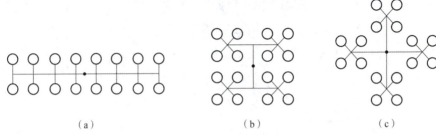

图2-1-1 型腔布局的常见排列方案

(a) 直线排列；(b) H形排列；(c) 圆形排列

二、分型面的设计

1. 分型面的基本形式

塑料模具的分型面就是可以分开的接触表面，用来把塑件和浇注系统的凝固料取出。分型面有不同的形状，有平直的、倾斜的、台阶的、弯曲的等，如图2-1-2所示。

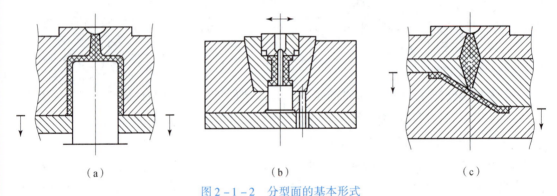

图2-1-2 分型面的基本形式

(a) 平直分型面；(b) 垂直分型面；(c) 倾斜分型面

2. 分型面选择原则

（1）分型面应选择在塑件外形最大轮廓处，否则塑件无法取出。

（2）分型面的选择应使塑件留在动模一侧，方便塑件顺利脱模。

（3）分型面的选择应保证塑件的精度要求，即塑件上相对位置尺寸要求较高的部位尽量放在同一模腔内成型，以消除模具合模精度的影响。

（4）分型面的选择应考虑塑件外观质量。对于绝大部分制品来说，外观面均要求严格，不得有合模线痕迹，所以在选择分型面时除不得已的情况外，尽量避免将塑件的外观面作为分型面。

（5）分型面的选择要有利于模具加工。

（6）分型面的选择应考虑排气效果。分型面应尽量设置在塑料熔体充满的末端处，以利于气体的排除。

（7）分型面的选择应尽可能满足制品的使用要求。注射成型过程中，脱模斜度、飞边、推杆、浇口痕迹等工艺缺陷是难免的。选择分型面时，应尽量避免工艺缺陷对制件的使用功能造成影响。

除此之外，选择分型面时还要考虑模具零件制造的难易程度、侧向抽芯方便与否。一般长型芯作为主型芯，短型芯作为侧型芯。

总之，影响分型面选择的因素很多，设计时在保证塑件质量的前提下，应使模具的结构越简单越好。

任务二　浇注系统

浇注系统是指模具中从注塑机喷嘴到型腔的进料通道部分。浇注系统的作用是将塑料熔体均匀地送到每个型腔，并将注射压力有效地传送到型腔的各个部位，以获得形状完整、质量优良的塑件。浇注系统分为普通浇注系统和热流道浇注系统两大类，下面主要介绍普通浇注系统。

一、普通浇注系统的组成及设计原则

1. 普通浇注系统的组成

普通浇注系统一般由主流道、分流道、浇口和冷料穴 4 个部分组成。常见的注塑模浇注系统如图 2-2-1 所示。

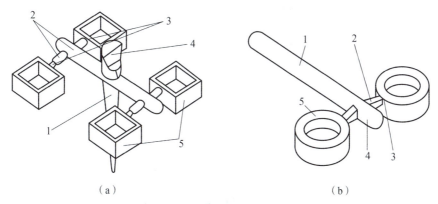

图 2-2-1　普通浇注系统的组成
(a) 卧式或立式注塑机用模具浇注系统；(b) 直角式注塑机用模具浇注系统
1—主流道；2—分流道；3—浇口；4—冷料穴；5—塑件

主流道是从注塑机喷嘴到分流道或型腔的塑料熔体的流动通道。分流道是主流道末端与浇口之间塑料熔体的流动通道。浇口是连接分流道与型腔的塑料熔体流动通道，一般情况下浇口是浇注系统中截面尺寸最小的部位。冷料穴一般设置在主流道的末端，有时分流道的末端也设置冷料穴。冷料穴是为存储料流中的前锋冷料而设置的。

2. 浇注系统的设计原则

浇注系统的设计是注塑模设计的一个重要环节，它对塑件的性能、尺寸精度、成型周期，以及模具结构、塑料的利用率等都有直接的影响，设计时应遵循以下原则。

(1) 充分考虑塑料熔体的流动性和结构工艺性，尽可能使多型腔模具的各个型腔同时进料、同时充满，以保证塑件质量。

（2）尽量缩短浇注系统的长度，减少流道的弯折，以减少热量和压力损失。

（3）浇注系统应顺利平稳地引导塑料熔体充满型腔，从而有利于浇注系统和型腔内原有气体的排出。

（4）确定浇口的位置和形状时，应尽量使去浇口方便，防止型芯的变形和嵌件的位移，同时采用较短的流程，避免产生熔接痕。

二、普通浇注系统的设计

1. 主流道设计

主流道的尺寸必须恰当，主流道太大会造成塑料消耗增多，主流道太小会使熔体流动阻力增大，压力损失大，对充模不利。通常，对于黏度大的塑料或尺寸较大的塑件，主流道截面尺寸应设计得大一些；对于黏度小的塑料或尺寸较小的制品，主流道截面尺寸可以设计得小一些。

在卧式或立式注塑机用模具中，主流道垂直于分型面。主流道的结构形式如图2-2-2所示。主流道的形状和尺寸取决于浇口套内腔，浇口套的结构、尺寸及材料选用参考国家标准《塑料注射模零件第19部分：浇口套》（GB/T 4169.19—2006）中的设计，其设计要点具体如下。

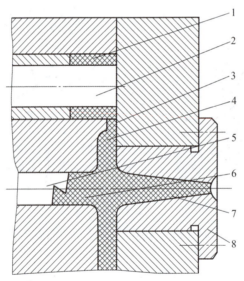

图2-2-2 常见的注塑模浇注系统

1—塑件；2—型芯；3—浇口；4—分流道；5—钩针；6—冷料穴；7—主流道；8—浇口套

（1）主流道需设计成锥角 $\alpha = 2° \sim 6°$ 的圆锥形，表面粗糙度 $Ra \leq 0.8~\mu m$，抛光时沿轴向进行，以便于浇注系统凝料从中顺利拔出。主流道大端与分流道相接处应有过渡圆角，通常 $r' = 1 \sim 3~mm$，以减少料流转向时的阻力。

（2）为使塑料熔体完全进入主流道而不溢出，主流道与注塑机喷嘴的对接处应设计成半球形凹坑；同时为便于凝料的取出，其半径 $R = r + (1 \sim 2~mm)$，其小端直径 D 通常取 $3 \sim 6~mm$（见表2-2-1），且与设备喷嘴口部直径 d 之间满足 $D = d + (0.5 \sim 1~mm)$ 的关系。主流道长度 L 由定模板厚度确定，一般 L 不超过60 mm，否则凝料难以取出，浪费塑料材料。

生产中常采用延伸式浇口套（见图2-2-3）或采用缩短主流道的定位圈（见图2-2-4），以达到缩短主流道的作用。采用缩短主流道的定位圈时要确保定位圈的入口尺寸D_0必须足够大，以保证注塑机喷嘴能顺利靠近模具。

表2-2-1　主流道D的推荐值　　　　　　　　　　　　　　　　　　mm

塑料品种	注塑机最大注射量/g						
	10	30	60	125	250	500	1 000
PE、PS	3	3.5	4	4.5	4.5	5	5
ABS、PMMA	3	3.5	4	4.5	4.5	5	5
PC、PSU	3.5	4	4.5	5	5	5.5	5.5

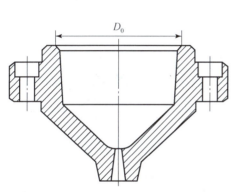

图2-2-3　延伸式浇口套

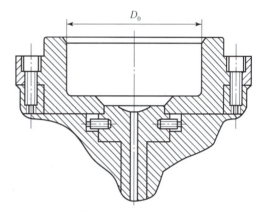

图2-2-4　缩短主流道的定位圈

（3）主流道由于要承受熔融塑料流的高压冲刷和脱模摩擦，还要与喷嘴反复接触和碰撞，因此要具有较高的硬度和耐磨性。主流道部分常设计成可拆卸的主流道衬套（又称浇口套），尤其当主流道需要穿过几块模板时更应设计成主流道衬套，否则在模板接触面可能溢料，导致主流道凝料难以取出。

（4）为使所安装模具的中心与注塑机料筒、喷嘴对中，模具上应设有定位圈，中小型模具的定位圈高度一般取8~10 mm，大型模具的定位圈高度一般取12~15 mm，注塑机固定模板定位孔与模具定位圈取较松动的间隙配合H11/b11或0.1~0.2 mm的小间隙。

（5）主流道衬套的结构形式及安装定位如图2-2-5所示，小型模具可将主流道衬套与定位圈设计成整体式，主流道衬套用螺钉固定于定模座板上，如图2-2-5（a）所示。图2-2-5（b）、图2-2-5（c）和图2-2-5（d）所示为将浇口套与定位圈设计成两个零件，以台阶的形式固定在定模座板上。

主流道衬套一般选用碳素工具钢如T8A、T10A等，热处理要求为52~56 HRC，衬套与定模板的配合可采用H7/m6。

2. 分流道的设计

多型腔或单型腔多浇口（塑件尺寸大）的模具应设置分流道。分流道即为连接主流道

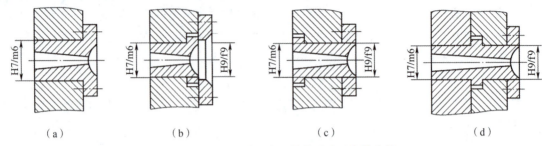

图2-2-5 主流道衬套的结构形式及安装定位

和浇口的进料通道,起分流和转向的作用。分流道的设计要求塑料熔体在流动时热量和压力损失小,流道凝料少,各型腔能均衡进料。

常用的分流道截面形状为圆形、正方形、梯形、U形、半圆形、矩形等,如图2-2-6所示。圆形和正方形分流道截面的比表面积(流道表面积与体积之比)最小,热量损失小,流道的效率最高,但加工困难;正方形、矩形截面分流道不易脱模,所以在实际生产中常用梯形、U形及半圆形截面分流道。

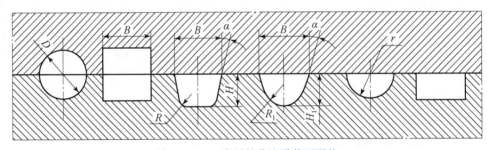

图2-2-6 常用的分流道截面形状

梯形截面的分流道截面尺寸 $H = (2/3)B$,$\alpha = 5° \sim 10°$,$B = 4 \sim 12$ mm。

U形截面的分流道截面尺寸 $H_1 = 1.25R_1$,$R_1 = 0.5B$,$\alpha = 5° \sim 10°$。

究竟采用哪一种横截面的分流道,既要考虑各种塑料注射成型的需要,又要考虑制造的难易程度。从传热面积的角度考虑,热塑性塑料宜采用圆形截面分流道,而热固性塑料的注塑模宜采用矩形截面分流道。从压力损失的角度考虑,圆形截面分流道最好。从加工方便的角度考虑,宜采用梯形、矩形截面分流道。

分流道截面的尺寸应按塑料制品的体积、制品形状和壁厚、塑料品种、注射速率、分流道长度等因素确定。若截面过小,在相同注射压力下,充模时间会延长,制品易出现缺料等缺陷;若截面过大,会积存较多空气,制品容易产生气泡,而且会使流道凝料增多,冷却时间增多。

在实际应用中,圆形、正方形、梯形、U形分流道的大小可根据产品质量或型腔的投影面积来确定,见表2-2-2,其他截面分流道按截面积相等折算。分流道表面粗糙度 Ra 一般为1.6 μm即可,这样,流道内外层流速较低,容易冷却而形成固化表皮层,有利于流道保温。

表 2-2-2 分流道尺寸与产品质量及型腔投影面积的关系

D、B	产品质量/g	型腔投影面积/mm²	D、B	产品质量/g	型腔投影面积/mm²
4	<85	<700	10	340~800	1 000~50 000
6	85~340	700~1 000	12	大型	>120 000
8	85~340	700~1 000			

注：产品质量与型腔投影面积对应的分流道尺寸不一致时选较大的那个分流道尺寸值。

对于圆形、梯形截面，分流道的尺寸也可按下面经验计算式确定：

$$D(B) = 0.264 \sqrt{m} \sqrt[4]{L}$$

$$H = \frac{2}{3}B$$

式中 D、B——分别为圆形分流道的直径及梯形大底边宽度，mm；

m——塑件的质量，g；

L——分流道的长度，mm；

H——梯形的高度，mm。

分流道与浇口的连接处采用斜面和圆弧过渡，如图 2-2-7 所示，有利于熔体的流动，降低料流的阻力。图 2-2-7 中 $\alpha_1 = 0.5° \sim 45°$，$\alpha_2 = 30° \sim 45°$，$R_1 = 1 \sim 2$ mm，$L = 0.7 \sim 2$ mm，$R_2 = 0.5 \sim 2$ mm，$R = D/2$。

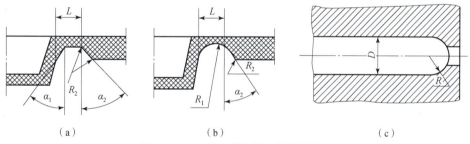

图 2-2-7 分流道与浇口的连接形式

3. 浇口的设计

浇口是连接分流道与型腔的熔体通道，对进入型腔的塑料熔体起控制作用，同时当注射压力撤销后，浇口固化，封闭型腔，以防止倒流现象。

按浇口截面尺寸的大小，可将其分为限制性浇口和非限制性浇口两类；按浇口位置可将其分为中心浇口和边缘浇口；按浇口形状可将其分为扇形浇口、盘形浇口、轮辐式浇口、薄片式浇口、点浇口、潜伏式浇口、护耳式浇口等。

点浇口是典型的限制性浇口之一，应用范围较广，这主要是由于它有以下特点。

（1）塑料熔体通过限制性浇口时，流动速率和剪切速率增加，使熔体的表面黏度降低，有利于充模。

（2）塑料熔体通过限制性浇口时，受到的剪切、摩擦作用大，产生的热能使塑料熔体的温度升高,有利于熔体的流动。

(3) 浇口截面尺寸小,易控制浇口凝固时间,防止倒流,同时有利于控制补料时间,减小制品的内应力。

(4) 对一模多腔或采用多浇口进料的模具,各浇口调整比较容易,便于实现各浇口的平衡进料。

(5) 去除浇口容易,浇口的痕迹小,制品的外观好。

非限制性浇口是整个浇口系统中截面尺寸最大的部位,它主要适用于中型、大型的筒类、壳类塑件,起引料和进料后的施压作用。

(1) 浇口的形式、尺寸及特点。浇口的形式很多,尺寸也各不相同,常见的浇口形式、特点及尺寸见表2-2-3。

表 2-2-3 浇口的形式、特点及尺寸

序号	名称	简图	尺寸/mm	特点
1	直接浇口(主流道型浇口、非限制性浇口)		$\alpha = 2° \sim 4°$	塑料流程短,流动阻力小,进料速度快,适用于高黏度类大而深的塑件(PC、PSU等)。浇口凝固时间长,去除浇口不便
2	侧浇口(边缘浇口、矩形浇口、标准浇口)		$B = 1.5 \sim 5$ $h = 0.5 \sim 2$ $L = 0.5 \sim 2$ $r = 0.5 \sim 2$	浇口流程短、截面小、去除容易,模具结构紧凑,加工维修方便,能方便地调整充模时剪切速率和浇口的冻结时间,使浇口修整和凝料去除方便,适用于各种形状的塑件
3	扇形浇口		$h = 0.25 \sim 1.6$ B 为塑件长度的 $1/4$ $L = (1 \sim 1.3)h$ $L_1 = 6$	浇口中心部分与两侧的压力损失基本相等,塑件的翘曲变形小,型腔排气性好,适用于宽度较大的薄片塑件。但浇口去除较困难,浇口痕迹明显

续表

序号	名称	简图	尺寸/mm	特点
4	平缝式浇口		$h = 0.20 \sim 1.5$ B 为型腔长度的 1/4 至全长 $L = 1.2 \sim 1.5$	适用于大面积扁平塑件，进料均匀，流动状态好，避免熔接痕
5	盘形浇口		$h = 0.25 \sim 1.6$ $L = 0.8 \sim 1.8$	适用于圆筒形或中间带孔的塑件。进料均匀，流动状态好，避免熔接痕
6	轮辐浇口		$h = 0.5 \sim 1.5$ 宽度视塑件大小而定 $L = 1 \sim 2$	浇口去除方便，适用范围同环形浇口，但塑件可能留有熔接痕
7	点浇口（橄榄形、菱形浇口）		$d = 0.5 \sim 1.5$ $l = 1.0 \sim 1.5$ $l_1 = 1.0 \sim 1.5$ $\alpha_1 = 6° \sim 15°$ $\alpha = 60° \sim 90°$ $R = 1 \sim 3$ $R_0 = 2 \sim 4$ $c = 0.1 \sim 0.3$	截面小，塑件剪切速率高，开模时浇口可自动拉断，适用于盒形及壳体类塑件
8	潜伏式浇口（隧道式）及牛角浇口		$\alpha = 40° \sim 60°$ $\beta = 10° \sim 20°$ $L = 2 \sim 3$	属于点浇口的变异形式，浇口可自动切断，塑件表面不留痕迹，模具结构简单。不适用于强韧的塑料或脆性塑料

续表

序号	名称	简图	尺寸/mm	特点
9	护耳式浇口	1—耳槽；2—浇口；3—主流道；4—分流道	$L \leqslant 150$ $H = 1.5 b_0$ $b_0 =$ 分流道直径 $t_0 = (0.8 \sim 0.9)$ 壁厚 $L_0 = 150 \sim 300$	具有点浇口的优点，可有效地避免喷射流动，适用于热稳定性差，黏度高的塑料

浇口的截面形状常为圆形或矩形，对于圆形截面浇口（如点浇口），浇口的基本尺寸包括直径 d 和长度 L；对于矩形截面浇口（如侧浇口），浇口厚度 h 通常取塑件浇口处壁厚 t 的 $1/3 \sim 2/3$ 或 $0.5 \sim 1.5$ mm，中小型塑件取浇口宽度 $b = (5 \sim 10) h$，大型塑件取 $b > 10 h$。矩形截面的浇口尺寸也可以按以下经验计算式计算，即

$$h = nt$$

$$b = \frac{n\sqrt{A}}{30}$$

式中　A——塑件外表面面积，mm^2；

n——塑料材料系数，与塑料品种有关，PE、PS 的系数为 0.6，POM、PC、PP 的系数为 0.7，CA、PMMA、PA 的系数为 0.8，PVC 的系数为 0.9。

具有补缩不足缺陷的型腔，其浇口宽度可略微修大，修模时尽可能不改变浇口厚度，因为浇口厚度对流动阻力较为敏感，改变浇口厚度会造成各型腔浇口凝固时间不相同。

另外，不同的浇口形式对塑料熔体的充填特性、成型质量及塑件的性能会产生不同的影响。各种塑料因其性能的差异而对不同形式的浇口会有不同的适应性，设计模具时可参考表 2-2-4 所列常用塑料适用的浇口形式。

表 2-2-4　常用塑料适用的浇口形式

塑料种类 \ 浇口尺寸	直接浇口	侧浇口	平缝浇口	点浇口	潜伏浇口	环形浇口	盘形浇口
硬聚氯乙烯（HPVC）	☆	☆					
聚乙烯（PE）	☆	☆		☆			
聚丙烯（PP）	☆	☆		☆			
聚碳酸酯（PC）	☆	☆		☆			
聚苯乙烯（PS）	☆	☆		☆	☆		☆
橡胶改性苯乙烯				☆			

续表

浇口尺寸 塑料种类	直接浇口	侧浇口	平缝浇口	点浇口	潜伏浇口	环形浇口	盘形浇口
聚酰胺（PA）	☆	☆		☆	☆		☆
聚甲醛（POM）	☆	☆	☆	☆	☆	☆	
丙烯腈-苯乙烯	☆	☆		☆			☆
ABS	☆	☆	☆	☆	☆	☆	☆
丙烯酸酯	☆	☆					
注："☆"表示塑料适用的浇口形式。							

（2）浇口位置的设置原则。浇口设计很重要的一方面是位置的确定，浇口位置设置不当会使塑件产生变形、熔接痕、凹陷、裂纹等缺陷。一般来说，浇口位置的设置要遵循以下原则。

①应使塑料熔体填充型腔的流程最短、料流变向最少，以减少热量和压力损失。如图2-2-8（b）、图2-2-8（c）所示的浇口位置，效果较好。

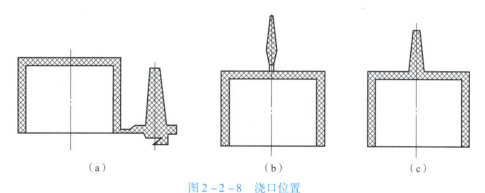

图2-2-8　浇口位置

②应避免熔体破裂。小浇口正对着一个宽度比较大的型腔，则高速料流经过浇口时，由于受到很大的剪切力作用，将会产生喷射、蠕动（蛇形流）等熔体断裂现象，如图2-2-9所示。通过加大浇口截面尺寸，采用护耳式浇口或冲击型浇口（见图2-2-10）可避免熔

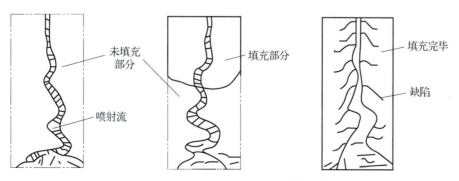

图2-2-9　熔体喷射造成制品的缺陷

体破裂。冲击型浇口，即设置在正对型腔壁或粗大型芯方位的浇口，可使高速料流直接冲击在型腔或型芯壁上，从而改变流向，降低流速，平稳地充满型腔，使熔体破裂的现象消失。

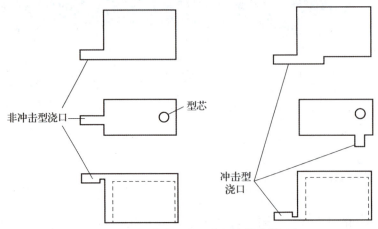

图 2-2-10　冲击型浇口克服熔体喷射现象

③应有利于排气和补缩。图 2-2-11（a）所示为采用侧浇口，成型时顶部会形成封闭气囊，在塑件顶部常留下明显的熔接痕；图 2-2-11（b）所示为同样采用侧浇口，但顶部增厚或侧壁减小，料流末端在浇口对面分型面处，排气效果优于前者；图 2-2-11（c）所示为采用点浇口，分型面处最后充满。

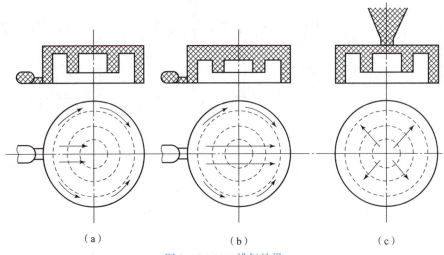

图 2-2-11　排气效果

④浇口设置在厚壁处，有利于补缩，可避免缩孔、凹痕的产生。图 2-2-12（a）所示的浇口，冷却时因其首先凝固，塑件收缩时得不到补料，制品会出现凹痕；如图 2-2-12（b）所示，浇口位置选在厚壁处，可以克服凹痕缺陷；选用图 2-2-12（c）所示的直接浇口，可以大大改善熔体充模条件，提高制品质量，但去除浇口比较困难。

⑤避免塑件变形。图 2-2-13（a）所示的大平面型塑料件，只有一个中心浇口，塑件会因内应力较大而翘曲变形，而图 2-2-13（b）所示为采用多个点浇口，就可以克服翘曲变形的缺陷。

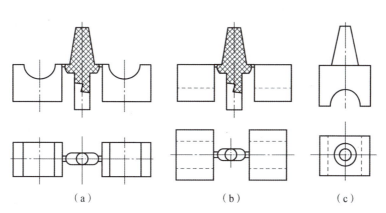

图 2-2-12 浇口位置对制品收缩的影响

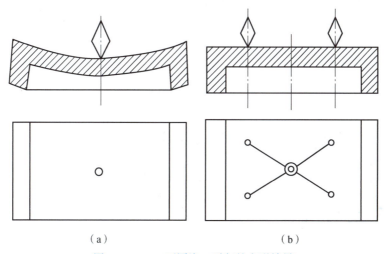

图 2-2-13 不同浇口引起的变形效果

⑥减少或避免产生熔接痕，提高熔接痕的强度。由于浇口的位置原因，塑料熔体充填型腔时会造成两股或两股以上熔体料流的汇合，汇合之处温度最低，因此，在塑件上会形成熔接痕。降低塑件的熔接强度，会影响塑件外观，在成型玻璃纤维增强塑料制品时尤其严重。为了提高熔接强度，可以在料流汇合之处的外侧或内侧设置一个冷料穴（溢流槽），将料流前端的冷料引入其中，如图 2-2-14 所示。另外，也应注意熔接痕的方向，图 2-2-15（a）所示的塑件，其熔接痕与小孔位于一条直线，熔接痕的强度较差；如果改用图 2-2-15（b）所示的形式布置，则可提高熔接痕的强度。

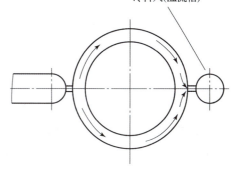

图 2-2-14 冷料穴（溢流槽）的设计

⑦应考虑高分子取向对塑料制品性能的影响。图 2-2-16（a）所示为口部带有金属嵌件的聚苯乙烯（PS）制品，由于成型收缩，金属嵌件周围的塑料层产生很大的切向拉应

力。如果浇口设置在 A 点,则高分子取向和切向拉应力方向垂直,该制品使用不久便会开裂。图 2-2-16(b)所示为聚丙烯盒子,把浇口设置在 A 处(两点),注射成型时塑料通过很薄的铰链(厚度为 0.25 mm)充满盖部,在铰链处产生高度的取向,即可达到经受万次弯折而不断裂的要求。

对于大型平板类塑件,若仅采用一个图 2-2-16(c)所示的中心浇口或一个侧浇口,制品会因分子取向所造成的各向收缩异性而翘曲变形。若改用多点浇口或平缝式浇口,则可有效地克服这种翘曲变形,如图 2-2-16(d)、图 2-2-16(e)所示。

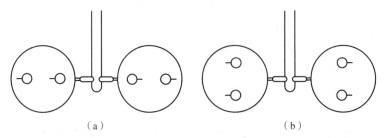

图 2-2-15 熔接痕形成的位置

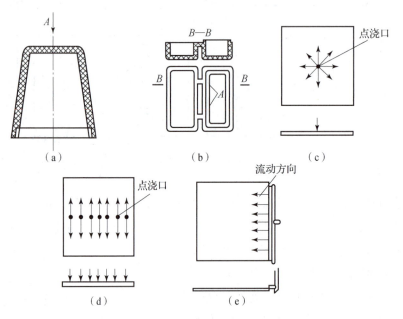

图 2-2-16 浇口设置对取向作用的影响

⑧考虑塑件受力状况。由于塑件浇口处残余应力大、强度差,因此浇口位置不能设置在塑件承受弯曲载荷或受冲击力的部位。

⑨防止型芯变形和偏移。浇口位置不应直对细长型芯的侧面,并尽量使型芯受力均匀,防止型芯产生弯曲变形。图 2-2-17 所示为改变浇口位置防止型芯变形的情况。图 2-2-17(a)所示结构不合理;图 2-2-17(b)所示为采用两侧进料,可减小型芯变形的情况,但增加了熔接痕,且排气不良。图 2-2-17(c)所示为采用中心进料,效果最好。

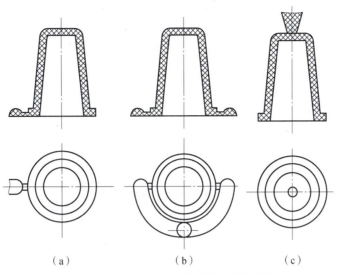

图 2-2-17 改变浇口位置防止型芯变形

⑩校核流动比。流动比是指熔体在模具中进行最长距离的流动时，其各段料流通道的流程长度 L_i 与其对应截面厚度 t_i 的比值之和，流动比 K 按下式计算，即

$$K = \sum_{i=1}^{n} \frac{L_i}{t_i} \leq \Phi$$

式中　Φ——塑料的极限流动比，见表 2-2-5。

确定浇口位置时要进行流动比校核。流动比越大，充模阻力就越大，特别是成型高黏度塑料或大型、薄壁塑件时，若流动比超过允许值，则充模会出现不足，这时应调整浇口位置或增加浇口数量。几种常用塑料的极限流动比 Φ，见表 2-2-5，供设计模具时参考。

表 2-2-5　常用塑料的极限流动比

塑料名称	注射压力/MPa	极限流动比 Φ	塑料名称	注射压力/MPa	极限流动比 Φ
聚乙烯	147	280~250	硬聚氯乙烯	127.4	170~130
	68.6	240~200		117.6	160~120
	49	140~100		88.2	140~100
聚丙烯	117.6	280~240	软聚氯乙烯	68.6	110~70
	68.6	240~200		88.2	280~200
	49	140~100		68.6	240~160
聚苯乙烯	88.2	300~260	聚碳酸酯	127.4	160~120
聚甲醛	98	210~110		117.6	150~120
尼龙66	88.2	130~90	尼龙6	88.2	130~90
	127.4	160~130		88.2	320~200

31

以上这些原则在实际应用时,会产生不同程度的矛盾,因此在选择浇口位置时应根据具体情况进行判断,以获得优良的塑件。

4. 冷料穴与钩针的设计

冷料穴用来存储注射间隔期间喷嘴产生的冷凝料头,以及最先注入模具浇注系统的温度较低的那部分熔体。它可以防止这些冷料进入型腔而影响制品质量,并使熔体顺利充满型腔。

直角式注塑机用注塑模的冷料穴,通常为主流道的延长部分,如图2-2-18所示。

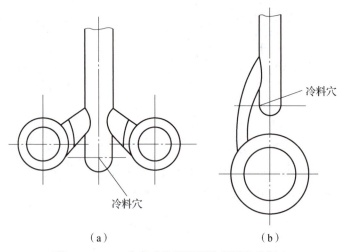

图2-2-18 直角式注塑机用注塑模的冷料穴

卧式注塑机用模具的冷料穴,一般都设置在主流道正对面的动模上或分流道的末端。冷料穴中常设有拉料结构,以便开模时将主流道凝料拉出,根据拉料方式的不同,常见的冷料穴与钩针结构有以下几种。

(1) 底部带有钩针的冷料穴。这种冷料穴的底部设有钩针,如图2-2-19所示。其中图2-2-19(a) 所示为带Z形钩针的冷料穴,是最常用的一种钩针形式,其钩针和推杆固定在推杆固定板上。Z形钩针不适合推件板推出的模具。另外当塑件和凝料被推出时,冷料穴内的凝料需要侧向移动才能离开Z形钩针。但是,图2-2-20(a) 所示结构,由于受螺纹型芯2的约束,凝料不能作侧向移动,这类模具就不能采用Z形钩针。图2-2-19(b)、

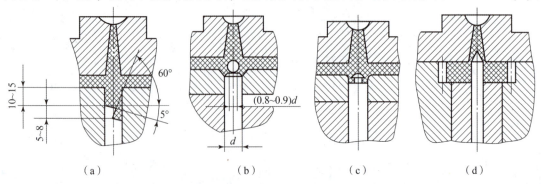

图2-2-19 底部带有钩针的冷料穴
(a) Z形;(b) 球头形;(c) 菌头形;(d) 分流锥形

图2-2-19（c）所示分别为带球头形和菌头形钩针的冷料穴，其钩针固定在型芯固定板上，并不随推件板的推出而移动，凝料在推件板推出塑件的同时从钩针上强制脱出，如图2-2-20（b）所示，因此一般用于推件板脱模的注塑模中。图2-2-19（d）所示为分流锥形钩针，其尖锥起到分流作用，钩针兼起成型作用，但无存储冷料的作用，它靠塑料收缩的包紧力而将主流道拉住。分流锥形钩针常用于单型腔模成型带有中心孔的制品。

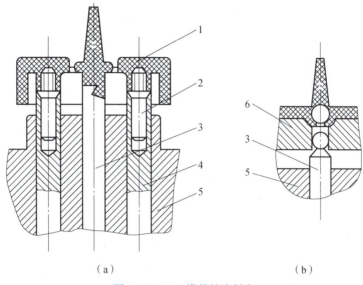

(a)   (b)

图2-2-20 模具的冷料穴

(a) 不宜使用带Z形钩针冷料穴的结构；(b) 球头形钩针的推出

1—制品；2—螺纹型芯；3—钩针；4—推杆；5—动模；6—推件板

（2）底部带有推杆的冷料穴。这类冷料穴的底部设有推杆，推杆安装在推杆固定板上。如图2-2-21所示，开模时倒锥或圆环槽起拉料作用，然后利用推杆强制推出凝料。不难理解，这两种结构适用于韧性塑料。

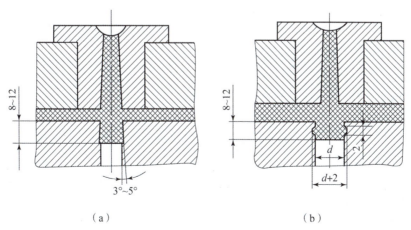

(a)   (b)

图2-2-21 底部带有推杆的冷料穴

(a) 倒锥形；(b) 环槽形

（3）底部无钩针的冷料穴。在主流道对面的动模板上开一个锥形凹坑，起到容纳冷料的作用。为了拉出主流道凝料，在锥形凹坑的锥壁上平行于另一锥边钻一个深度不大的小孔（直径3~5 mm，深8~12 mm），如图2-2-22所示。开模时借助小孔的固定作用将主流道凝料从主流道衬套中拉出。推出冷料时推杆顶在制品上或分流道上，这时冷料头先朝小孔的轴线移动，然后被全部拔出。为了使凝料产生侧向移动，分流道设计成S形或类似的带有挠性的形状。

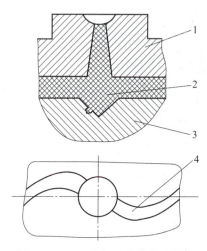

图2-2-22　底部无钩针的冷料穴
1—定模；2—冷料穴；3—动模；4—分流道

三、排气与引气系统设计

1. 排气系统设计

排气系统的作用是将浇注系统、型腔内的空气及塑料熔体分解产生的气体及时排出模外。如果排气不良，塑件上就会形成气泡、银纹、接缝等缺陷，使表面轮廓不清，甚至充不满型腔；还会因气体被压缩而产生高温，使塑件产生焦痕现象。排气方式主要有以下几种。

（1）分型面及配合间隙自然排气。

对于形状简单的小型模具，可直接利用分型面或推杆、活动型芯、活动镶件与模板的间隙配合进行自然排气，如图2-2-23所示。

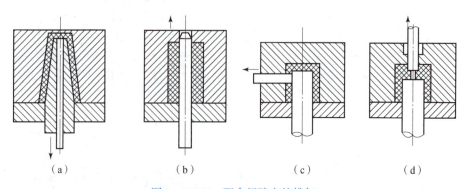

图2-2-23　配合间隙自然排气
(a) 推杆间隙排气；(b) 型芯间隙排气；(c) 侧型芯间隙排气；(d) 拼合型芯间隙排气

（2）加工排气槽排气。

①分型面上开设排气槽。分型面上开设排气槽是注塑模排气的主要形式。分型面上开设排气槽的形式与尺寸如图 2-2-24 所示。通常在分型面的型腔一侧开设排气槽，排气槽的深度与塑料流动性有关，见表 2-2-6，一般槽深 0.01~0.03 mm，槽宽 1.5~6 mm，以不产生飞边为限。排气槽最好开设在靠近嵌件、制品壁最薄和最后充满的部位以防止熔接痕的产生。排气口不应正对操作人员，排气槽应做成曲线形状，且逐渐增宽，以降低气体溢出时的速度，防止熔料从排气槽喷出而引发事故。

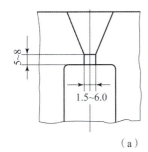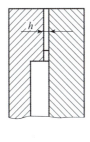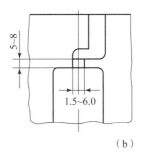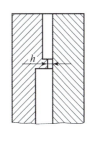

(a)　　　　　　　　　　　　　　(b)

图 2-2-24　分型面上的排气槽

表 2-2-6　分型面上排气槽的深度　　　　　　　　　　　　　　mm

塑料品种	深度	塑料品种	深度
聚乙烯（PE）	0.02	聚酰胺（PA）	0.01
聚丙烯（PP）	0.01~0.02	聚碳酸酯（PC）	0.01~0.03
聚苯乙烯（PS）	0.02	聚甲醛（POM）	0.01~0.03
ABS	0.03	丙烯酸共聚物	0.03

②配合间隙加工排气槽。对于中小型模具，除了利用分型面及配合间隙自然排气外，还可以将型腔最后充满的地方做成组合式结构，在过渡、过盈配合面上加工出图 2-2-25 所示的排气槽。排气槽一般为 0.03~0.04 mm，视成型塑料的流动性好坏而定。

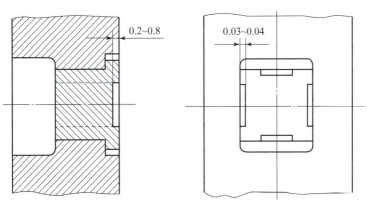

图 2-2-25　配合间隙加工排气槽的尺寸

(3) 透气金属块排气。

如果型腔最后充满的部分不在分型面上,且附近又无配合间隙可供排气时,可在型腔最后充满的位置放置一块透气金属块(简称排气塞,用多孔粉末冶金渗透排气),并在透气金属块上开设排气通道,如图2-2-26所示。透气金属块应有足够的承压能力,且表面粗糙度应满足塑件的外观要求。

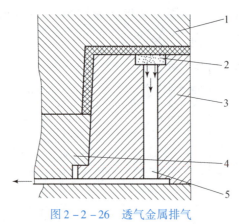

图2-2-26 透气金属排气
1—型腔;2—透气金属块;3—型芯;4—型芯固定板;5—通气孔

2. 引气系统设计

排气是制品成型的需要,而引气则是制品脱模的需要。

对于一些大型深壳塑料制品,脱模时由于制品内腔表面与型芯表面之间可能会形成真空负压,导致制品难以脱模,如果强行脱模,制品势必变形或损坏,因此,必须设置引气装置。常见的引气形式有以下两种。

(1) 镶拼式侧隙引气。在利用成型零件配合面上所开设的排气槽进行排气的场合,其排气间隙在脱模时也可充当引气间隙。注意,引气槽不仅要开设在型腔与镶块的配合面之间,还必须延伸到模外,以保证气路畅通。与制品接触的部分,引气槽槽深不应大于0.05 mm,以免造成溢料堵塞,而其延长部分的深度应为0.2~0.8 mm。这种引气方式结构简单,但引气槽容易堵塞。

(2) 气阀式引气。这种方式引气主要依靠阀门的开启与关闭。开模时制品与型芯之间的真空将阀门吸开,空气便能引入。而当熔体注射充模时,熔体的压力将阀门紧紧压住,使其处于关闭状态。这种引气方式比较理想,但对阀门的锥面加工要求较高。引气阀不仅可以装在型腔上,还可以装在型芯上,或在型腔、型芯上同时安装,具体位置根据制品脱模需要和模具结构而定。

项目三　简单难度电池盒模具设计

设计思路分析

（1）根据开模说明书可以确定以下内容。

①模具出数为 1 出 1。

②塑料产品材料为 ABS，收缩率为 0.5%。

③模具进胶为大水口直接浇口进胶。

④因为模具生成次数要求 50 万次，所以模具模仁材料应选择 SKD61 及同级别的材料。

（2）本产品模具设计思路为，调用产品—模具分型—模具成型零件设计—调用模架—浇注系统设计—顶出系统设计—冷却系统设计—辅助零件设计。

根据产品判断此模具分型面在产品的底部且为平面，模架为 CI 模架，浇注系统根据模具开模说明书中的描述为大水口直接浇口、无滑块、斜顶。

任务一　模具成型零件设计

一、模具分型

1. 创建分型面

（1）将从客户处拿来的产品图放到一个文件夹中（整套模具图为装配文档，需要放置在文件夹里面）。

（2）打开 UGNX10.0 软件，将简单电池盒产品图打开，操作步骤如下。

单击【文件】菜单，选择【打开】命令，系统弹出【打开】对话框，选取要打开的文件，单击 OK 按钮，完成产品图的打开，如图 3-1-1 和图 3-1-2 所示。

（3）选择【益模模具设计大师】→【项目初始化】命令，系统弹出【项目初始化】对话框，如图 3-1-3 所示。按照对话框中的内容填写相关信息，完成后单击【确定】按钮，系统会提示项目初始化成功。

注意：勾选【生成装配树架构】命令，系统会自动生成标准的装配节点，后期调用的滑块、斜顶，以及标准件都会装配到对应的节点里，如图 3-1-4 所示。

（4）将绝对坐标放置到产品的几何中心，选择【益模模具设计大师】→【产品收缩率设置】命令，系统弹出【产品缩水，产品中心设置】对话框，如图 3-1-5 所示。然后选中【产品中心设置】标签，双击产品列表中的产品名，再单击设置中心按钮，产品就会移动到几何中心，如图 3-1-6，图 3-1-7 所示。

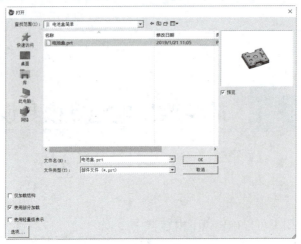

图 3-1-1 【打开】对话框

图 3-1-2 位置未放置前,产品与绝对坐标系的位置关系

图 3-1-3 【项目初始化】对话框

图 3-1-4 【装配导航器】对话框

图 3-1-5 【产品缩水，产品中心设置】对话框

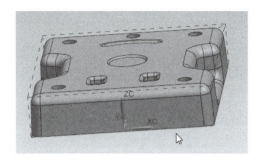

图 3-1-6 产品中心设置前

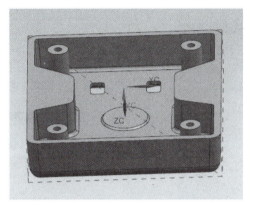

图 3-1-7 产品中心设置后

（5）选择【益模模具设计大师】→【产品收缩率设置】命令，系统弹出【产品缩水，产品中心设置】对话框，然后选择【产品放缩水】标签，如图3-1-8所示。根据操作步骤，先确定【产品材质】是否为ABS，然后【缩水类型】下拉列表框中选择【指定点】命令，【缩水率】取系统默认值。完成后单击选择产品按钮，选择图形中的产品，然后单击指定点按钮，系统弹出【点】对话框，将点的绝对坐标X、Y、Z的值都设置为0，如图3-1-9所示。再单击放缩水按钮，系统会提示放缩水成功，产品列表中产品对应的【设置中心】和【设置缩水】会打钩，如图3-1-10所示。

（6）选择【益模模具设计大师】→【模具分型】→【模具分型工具】命令，系统会弹出【分型向导】对话框，如图3-1-11所示。

（7）单击产品分型按钮，系统弹出图3-1-12所示的【产品分析】对话框。首先设置【拔模方向】为Z轴，然后单击对话框中的【执行面分析】按钮，系统会将前模产品面和后模产品面以不同的颜色表现出来，再选中【自定义区域】选项组中的【型腔区域】单选按钮，在图形中选中青色的面，最后单击【确定】按钮，完成产品分型，如图3-1-13所示。

39

图3-1-8 【产品缩水,产品中心设置】对话框

图3-1-9 绝对坐标X、Y、Z的值都设置为0

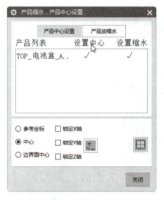

图3-1-10 设置中心及设置放缩水成功

图3-1-11 【分型向导】对话框

图3-1-12 【产品分析】对话框

图3-1-13 完成产品分型

(8) 在【分型向导】对话框中单击区域析出按钮 ，系统弹出图 3-1-14 所示的【创建区域片体】对话框。首先设置区域的放置层，然后勾选【析出型芯区域片体】【析出型腔区域片体】【析出创建分型线】复选框，最后单击【确定】按钮，系统完成区域析出。

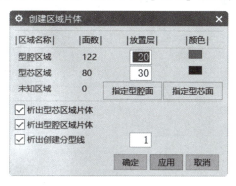

图 3-1-14 【创建区域片体】对话框

(9) 在【分型向导】对话框中单击补孔按钮 ，系统弹出图 3-1-15 所示的【补孔】对话框。选中【自动补孔】选项卡中的【自动修补】单选按钮，然后单击【确定】按钮，系统自动完成补孔，如图 3-1-16 所示。

图 3-1-15 【补孔】对话框

图 3-1-16 补孔完成的产品图

(10) 在【分型向导】对话框中单击引导线按钮 ，系统弹出图 3-1-17 所示的【创建引导线】对话框。首先将在【长度】文本框中输入 100.000 0，然后选中【分型线端点】单选按钮，并在图形中选中要创建引导线的点，最后单击【确定】按钮，引导线创建成功，如图 3-1-18 所示。

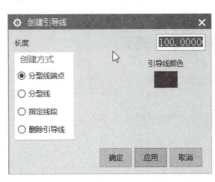

图3-1-17 【创建引导线】对话框

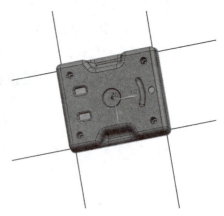

图3-1-18 创建引导线成功

(11)在【分型向导】对话框中单击分型面按钮，系统弹出图3-1-19所示的【创建分型面】对话框。首先选中【分段拉伸】单选按钮，然后设置【拉伸长度】为400.000 0，最后单击【确定】按钮，系统完成分型面的创建，如图3-1-20所示。

图3-1-19 【创建分型面】对话框

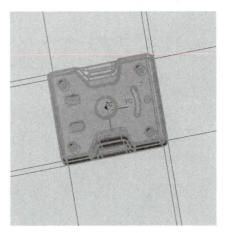

图3-1-20 创建完成的分型面

2. 创建工件

(1)在【分型向导】对话框中单击工件按钮，系统弹出图3-1-21所示的【创建工件】对话框。首先将X、Y、Z按照图3-1-21中的值进行设置，然后将+Z、-Z也按图3-1-21进行设置（每设置一个数值要按回车键确定）。完成后单击【确定】按钮，工件外形创建成功，如图3-1-22所示。

(2)在【分型向导】对话框中单击分型按钮，系统弹出如图3-1-23所示的【分型】对话框。选中【自动创建】单选按钮，最后单击【确定】按钮，系统完成分型，如图3-1-24所示。

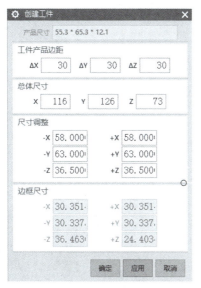

图 3-1-21 【创建工件】对话框

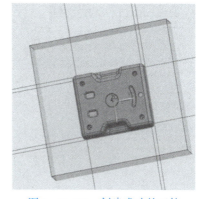

图 3-1-22 创建成功的工件

图 3-1-23 【分型】对话框

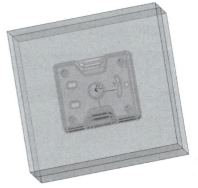

图 3-1-24 分型成功

二、创建虎口及小镶件

1. 创建虎口

选择【益模模具设计大师】→【模具分型】→【虎口】命令，系统弹出图 3-1-25 所示的【虎口设计】对话框。首先在【生成虎口类型】下拉列表框中选择【四角生成-4】命令，然后选定【虎口方向】为【Z 正方向】，在【虎口外形】选项组设定虎口的大小，最后在图形中选中前后模仁。单击【确定】按钮，系统会自动生成虎口，如图 3-1-26 所示。

2. 创建小镶件

选择【益模模具设计大师】→【模具分型】→【镶件设计】命令，系统弹出图 3-1-27 所示的【镶件设计】对话框。首先在图形中选中模仁，然后在【镶件类型】下拉列表框中选择【圆形镶件】命令，接下来在【镶针生成方式】下拉列表框中选择【选择边】命令，再在图形里选择作为镶件的边，并将图形中的模型拉到模仁处，并涵盖模仁 Z 轴方向的实体，勾选【镶件自动开腔】命令，最后单击【确定】按钮，完成镶件设计，如图 3-1-28 所示。其他 3 个需要做镶件的位置采用同样的方法进行设计。

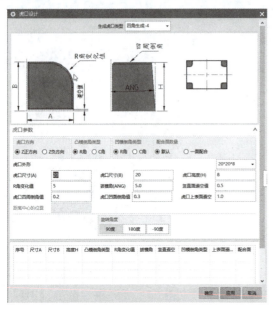

图3-1-25 【虎口设计】对话框

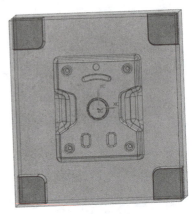

图3-1-26 生成的虎口

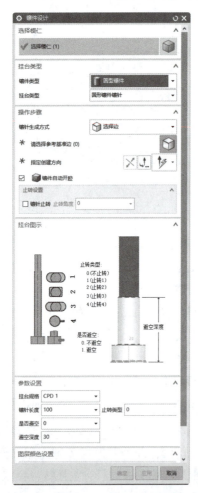

图3-1-27 【镶件设计】对话框

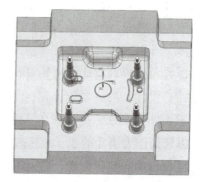

图3-1-28 设计好的小镶件

任务二 调用模架

一、创建模架

（1）选择【益模模具设计大师】→【模仁信息填写】命令，系统弹出【模仁信息】对话框，如图3-2-1所示。根据【操作步骤】选择对应的上模仁、下模仁，完成后上下模仁的相关尺寸会录入系统（上模仁又称前模仁，下模仁又称后模仁），如图3-2-2所示。

图3-2-1　【模仁信息】对话框

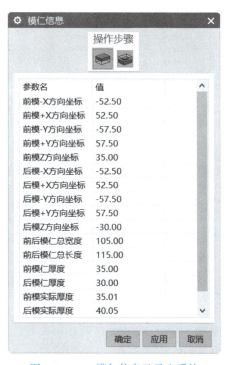

图3-2-2　模仁信息已录入系统

（2）选择【益模模具设计大师】→【模架设计】命令，系统弹出【模架设计】对话框，如图3-2-3所示。在【分类】下拉列表框中选择【LKM_大水口】命令、在【类型】下拉列表框中选择C命令，系统会默认模架的规格及A/B板的尺寸，根据图3-2-3所示在【参数设置】选项卡中设置各个参数的值。完成后单击【应用】按钮，系统会根据设置好的参数生成相关模架。按Ctrl+L快捷键，系统弹出【图层设置】对话框，取消勾选250层以后的层，如图3-2-4所示。

（3）系统调出模架之后，检查发现模架规格不合适，重新进入【模架设计】对话框，如图3-2-5所示。将【A板】的值改为60，【B板】的值改为80，然后单击【应用】按钮，系统会按照更改后的参数重新生成模架，如图3-2-6所示。这时系统调出的模架只是一块一块的光板，后续还需要用模架的标准件对模架进行开腔。

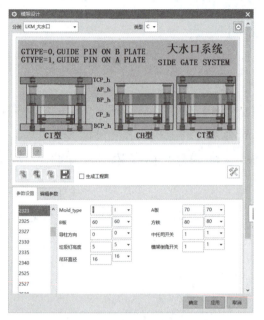

图3-2-3 【模架设计】对话框

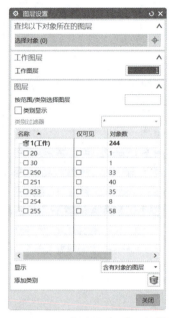

图3-2-4 【图层设置】对话框

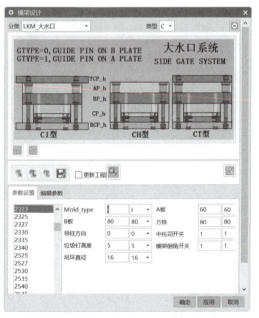

图3-2-5 【模架设计】对话框

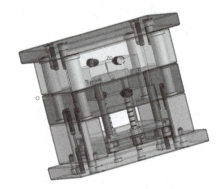

图3-2-6 重新生成的模架

二、模架开腔及开框

(1) 选择【益模模具设计大师】→【结构设计】→【标准件库】命令,系统弹出【标准件库】对话框,如图3-2-7所示。首先选中【修改】单选按钮,然后单击开腔按钮，弹出【确认】对话框,在弹出的对话框中单击【确定】按钮,系统会用模架的标准件对模架进行开腔,如图3-2-8所示。

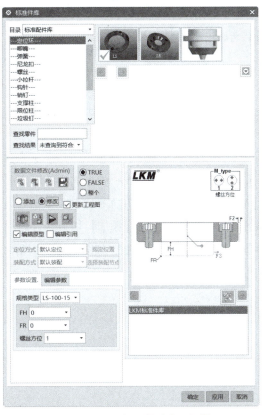

图 3-2-7 【标准件库】对话框

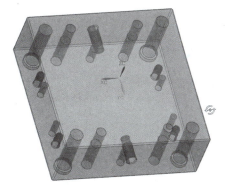

图 3-2-8 模架开腔完成

(2) 选择【益模模具设计大师】→【模架设计】→【模架开框】命令,系统弹出【模架开框】对话框,如图 3-2-9 所示。在【开模类型】下拉列表框中选择【前模-清角类型】命令,选中【生成】单选按钮,在模型里先选择 A 板,然后选中前模仁,单击【应用】按钮,系统会用前模仁对 A 板进行开框。然后在【开模类型】下拉列表框中选择【后模-清角类型】命令,再按照前面的操作步骤用后模仁对 A 板进行开框,完成模架开框,如图 3-2-10 所示。

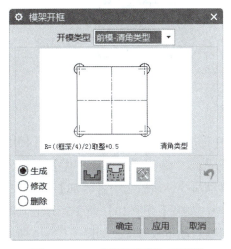

图 3-2-9 【模架开框】对话框

图 3-2-10 模架开框完成

任务三　浇注系统设计

一、调用定位环

选择【益模模具设计大师】→【结构设计】→【标准件库】命令，系统弹出【标准件库】对话框，如图 3-3-1 所示。在【目录】下拉列表框中选择【标准配件库】命令，在下方列表中选择【定位环】命令，在右边图片中选择 LS 命令，然后选中【添加】单选按钮，再在【参数设置】选项卡的【规格类型】下拉列表框中选择【LS-100-15】命令，再根据面板的厚度和将要选用的浇口套类型将 FH 设置为 20，最后单击【应用】按钮。系统会在面板 X 轴、Y 轴方向的中心生成定位环，在 Z 轴方向下沉 5 mm，同时系统会自动将单选按钮【添加】切换到【修改】。单击【标准件库】对话框中开腔按钮，系统会用定位环对面板进行开腔，如图 3-3-2 所示。

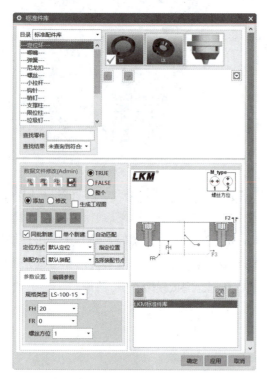

图 3-3-1　【标准件库】对话框　　　　图 3-3-2　定位环开腔完成

二、调用浇口套

（1）选择【益模模具设计大师】→【结构设计】→【标准件库】命令，系统弹出【标准件库】对话框，如图 3-3-3 所示。在【目录】下拉列表框中选择【标准配件库】命令，在下方列表中选择【唧嘴】命令，在右边图片中选择唧嘴命令，然后选中【添加】单选按钮，再在【参数设置】选项卡的【规格类型】下拉列表框中选择【直径10】命令，其他值保持默认，最后单击【应用】按钮。系统会根据设置的参数自动生成唧嘴，如图 3-3-4 所示。

注：唧嘴又称浇口套。

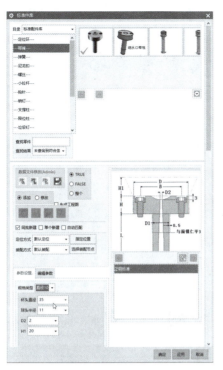

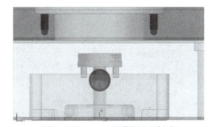

图3-3-3 【标准件库】对话框　　图3-3-4 唧嘴调用完成

（2）通过观察发现，系统调用的唧嘴顶面沉在A板下面，这时需要让唧嘴顶面与A板平齐。唧嘴调用完成后，系统会自动将图3-3-5中的单选按钮【添加】切换到【修改】，然后在【参数设置】选项卡将H1设置为0，最后单击【应用】按钮，系统会自动将唧嘴顶面移动到与A板平齐的位置，如图3-3-6所示。

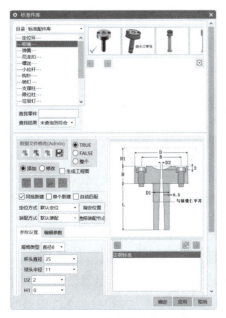

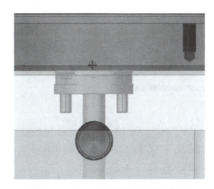

图3-3-5 【标准件库】对话框　　图3-3-6 唧嘴移动后的位置

49

(3)选择【分析】→【测量距离】命令,系统弹出【测量距离】对话框,如图 3-3-7 所示。选择需要测量的部位,即产品放唧嘴的面和 A 板反面,然后记住此数值,如图 3-3-8 所示。完成后单击【取消】按钮。

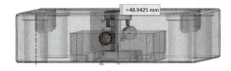

图 3-3-7 【测量距离】对话框　　图 3-3-8 测量的实际距离

(4)返回【标准件库】对话框,如图 3-3-9 所示。在图形中选中唧嘴,系统会自动将单选按钮【添加】切换到【修改】,然后在【编辑参数】选项卡中将 L 设置成前面测量的数值 48.942 5 并按回车键,接着单击【应用】按钮,最后单击开腔按钮,系统会自动用唧嘴对相关零件进行开腔,如图 3-3-10 所示。

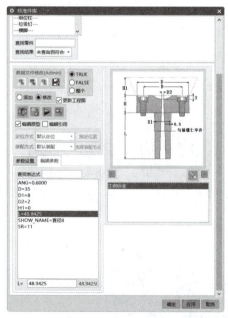

图 3-3-9 修改唧嘴长度　　图 3-3-10 用唧嘴进行开腔

任务四　顶出系统设计

一、调用顶针

根据产品的形状布置顶针时,需要在 4 个深的柱子下面布置顶针,同时为了顶出可靠,还要在产品长边方向的中心布置顶针,具体操作步骤如下。

(1) 选择【分析】→【测量距离】命令,系统弹出【测量距离】对话框,如图 3 – 4 – 1 所示。在【类型】下拉列表框中选择【直径】命令,在模型中选择盲孔的底部,系统自动测量盲孔的直径为 6 mm,如图 3 – 4 – 2 所示。这时排布的顶针直径为 5 mm 或 5.5 mm,因为需要标准型号的顶针,所以最后选择顶针直径为 5 mm。

图 3 – 4 – 1　【测量距离】对话框

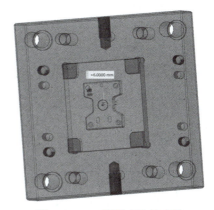

图 3 – 4 – 2　测量盲孔的直径

(2) 选择【益模模具设计大师】→【结构设计】→【顶出系统设计】命令,系统弹出【顶出系统设计】对话框,如图 3 – 4 – 3 所示。在【顶出类型】下拉列表框中选择【顶针设计】命令,在【详细分类】下拉列表框中选择【圆顶针】命令,将针直径设置成 5 mm,单击选择模仁按钮,在模型中选中后模仁(注意:不可以同时选中 2 块模仁),然后单击位置点按钮,系统弹出【点】对话框,如图 3 – 4 – 4 所示。在模型中选中 4 个盲孔的圆心,完成后单击【取消】按钮,系统返回【顶出系统设计】对话框,单击【应用】按钮,系统会在模型中创建 4 个顶针。

(3) 然后布置另外 2 个顶针,首先在【顶出系统设计】对话框中单击布点按钮,系统弹出图 3 – 4 – 5 所示的 CSYC 对话框,单击【确定】按钮进入布点界面。按 S 键可以切换成镜像布点,按 Q 键可以将光标移动的步距切换成整数,然后按图 3 – 4 – 6 所示布置顶针位置,单击【取消】按钮,系统会自动生成 2 个图 3 – 4 – 7 所示的顶针。

51

图 3-4-3 【顶出系统设计】对话框

图 3-4-4 【点】对话框

图 3-4-5 CSYS 对话框

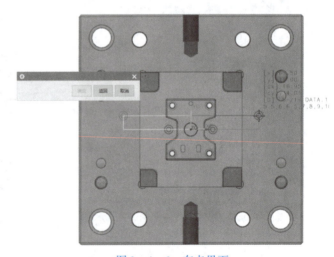

图 3-4-6 布点界面

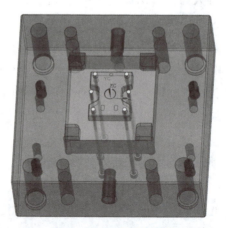

图 3-4-7 生成的顶针

二、顶针开腔

顶针创建完成后,将【顶出系统设计】对话框中的单选按钮【添加零件】切换为【后处理】,如图 3-4-8 所示。单击自动切头部按钮,系统弹出【修剪提示】对话框,单击【确定】按钮,系统会用模仁产品面对顶针顶面进行切头部。单击开腔按钮,系统弹出【开腔提示】对话框,单击【确定】按钮,系统会用顶针对相关零件进行开腔,完成开腔后单击【确定】按钮,模具顶针设计完成,如图 3-4-9 所示。

图 3-4-8 【顶出系统设计】对话框

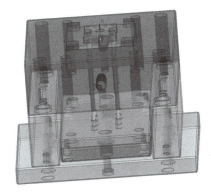

图 3-4-9 开腔完成后的顶针

任务五 冷却系统设计

一、冷却水道设计

(1) 首先按 Ctrl+B 快捷键,隐藏 B 板、后模仁及产品,然后按 Ctrl+Shift+B 快捷键反隐藏后模仁及 B 板,这样就只显示 B 板、后模仁,如图 3-5-1 所示。

选择【益模模具设计大师】→【冷却系统设计】命令,系统弹出【消息】对话框,单击【确定】按钮,系统弹出【冷却系统设计】对话框,然后选中【水道设计】标签,并根据图 3-5-2 所示设置参数。

(2) 单击选择产品按钮,系统会自动选中产品图,然后单击选择模仁或模板按钮,在模型中选中后模仁,再单击【功能设置】选项组中的【设计平面】按钮,在模型中选中后模仁的底面为设计平面,

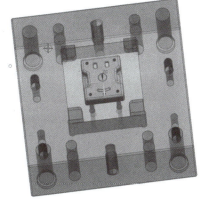

图 3-5-1 显示后模仁和 B 板

如图 3-5-2 所示，单击【确定】按钮，系统弹出画水孔界面。按 S 键系统会切换成以 XC-ZC 平面为镜像的点画水道，然后单击水道进出水位置，画进水孔；按 W 键切换操作平面到模型的侧面，将光标向上拉到 Y 坐标为 1 的位置；按 W 键切换操作平面到模型的俯视方向，将光标向上拉到 Y 坐标为 38 的位置；按 Q 键切换水道生成方向，将光标拉到 X 坐标为 29 的位置；按 S 键取消镜像，将 2 条水道相连，完成模仁水道的布置，如图 3-5-3~图 3-5-7 所示。

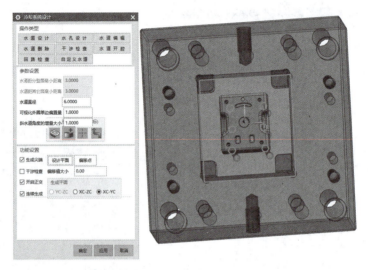

图 3-5-2　在【冷却系统设计】对话框中选取模仁的底面为设计平面

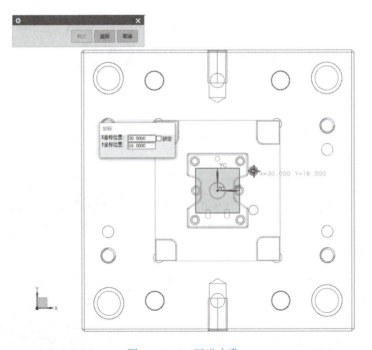

图 3-5-3　画进水孔

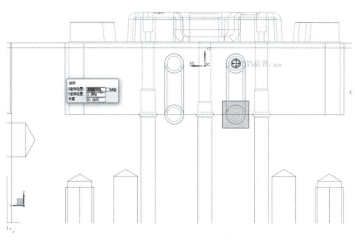

图 3-5-4 切换操作平面到模型的侧面

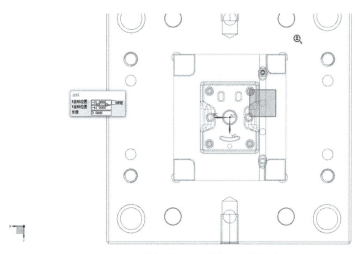

图 3-5-5 切换操作平面到模型的俯视方向

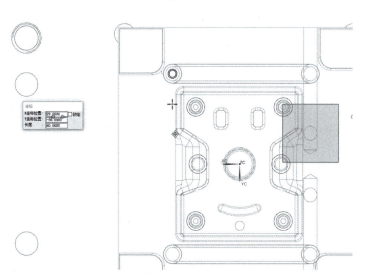

图 3-5-6 切换水道生成方向

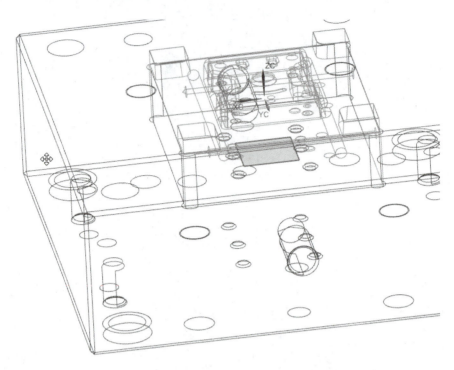

图3-5-7 取消镜像,将2条水道相连

(3)然后画B板进出水。在【冷却系统设计】对话框中单击选择产品按钮，系统会自动选中产品图,单击选择模仁或模板按钮，在模型中选中B板,然后单击按钮，系统弹出【点】对话框,如图3-5-8所示。在模型中选中已画好的后模仁水路进出水孔的点,系统返回【冷却系统设计】对话框,然后单击【确定】按钮,系统弹出画水路对话框,

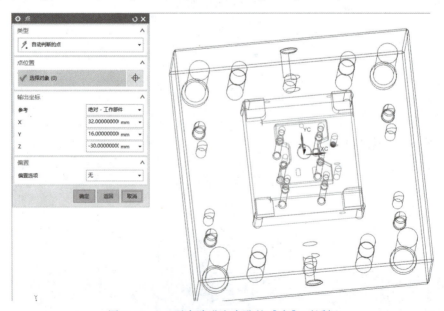

图3-5-8 画水路进出水孔的【点】对话框

如图 3-5-9 所示。开始画水路，按 S 键切换成镜像，如图 3-5-10 所示；然后按 W 键切换画操作平面，再向下拉，如图 3-5-11 所示；将光标向外拉并单击，如图 3-5-12 所示；最后按 Q 键切换水孔的方向，如图 3-5-13 所示。

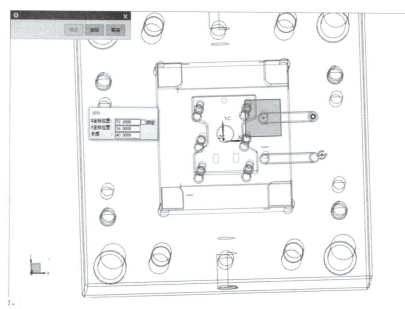

图 3-5-9　画水路对话框

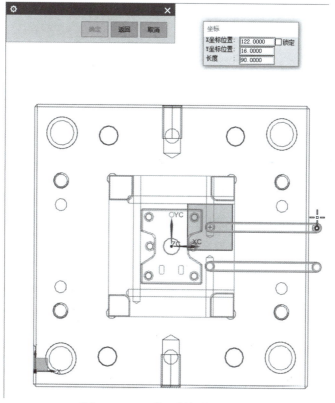

图 3-5-10　按 S 键切换成镜像

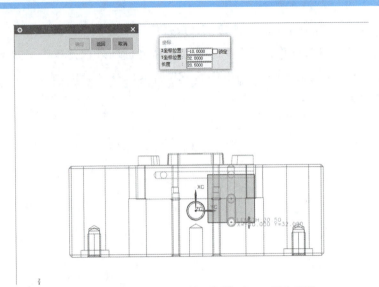

图 3-5-11　按 W 键切换画操作平面，再向下拉

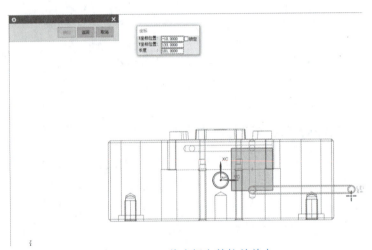

图 3-5-12　将光标向外拉并单击

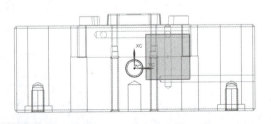

图 3-5-13　按 Q 键切换水孔的方向

二、调用冷却系统标准件

(1) 选择【益模模具设计大师】→【冷却系统设计】命令，系统弹出【消息】对话框，单击【确定】按钮，系统弹出【冷却系统设计】对话框，然后选中【水道开腔】标签，如图3-5-14所示。单击【确定】按钮，系统会用水道对相关零件进行开腔，如图3-5-15所示。

图3-5-14 【冷却系统设计】对话框

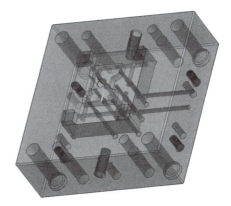

图3-5-15 开腔完成的水道

(2) 选择【益模模具设计大师】→【冷却系统设计】→【冷却系统标准件】命令，系统弹出图3-5-16所示的【冷却系统标准件】对话框。在模型中选中B板进出口的圆，单击【应用】按钮，系统会自动生成水嘴。选中【修改】单选按钮，单击开腔按钮，系统会用生成的水嘴对B板进行开腔，如图3-5-17所示。

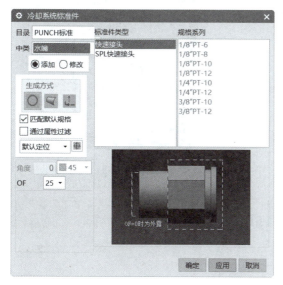

图3-5-16 【冷却系统标准件】对话框

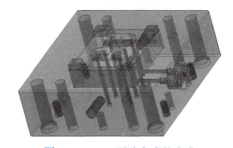

图3-5-17 开腔完成的水嘴

(3) 隐藏B板，再次进入【冷却系统标准件】对话框，按照图3-5-18所示设置相关参数，单击【应用】按钮，系统会生成喉塞，选中【修改】单选按钮，然后在模型中选中喉塞，单击开腔按钮，系统会用生成好的喉塞对B板进行开腔，如图3-5-19所示。

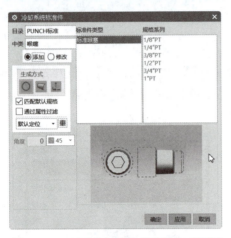
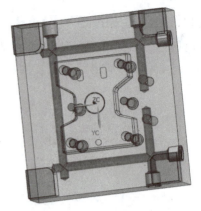

图3-5-18 【冷却系统标准件】对话框　　　　图3-5-19 开腔完成的喉塞

（4）再次进入【冷却系统标准件】对话框，按照图3-5-20所示来设置相关参数。单击【应用】按钮，系统会生成密封圈，选中【修改】单选按钮，然后在模型中选中密封圈，选择【规格系列】→OORS12。修改完成后单击【开腔】按钮，系统会用生成好的密封圈对B板进行开腔，如图3-5-21所示。前模水路也按相同的方法设置。

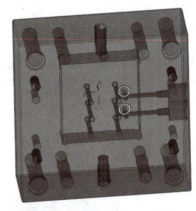

图3-5-20 【冷却系统标准件】对话框　　　　图3-5-21 开腔完成的密封圈

任务六　辅助零件设计

一、调用前后模螺钉

选择【益模模具设计大师】→【结构设计】→【螺钉设计】命令，系统弹出【螺钉设计】对话框，如图3-6-1所示。在【规格】下拉列表框中选择M8命令，在【定位方式】下拉列表框中选择A命令，单击选择起始面按钮，在模型中选中A板反面，然后单击布点按钮，进入布点界面，按S键切换成四角镜像，按Q键将步距改为整数，在图形中完成布点,单击【取消】按钮,系统返回【螺钉设计】对话框,单击【应用】按钮,系统会生成螺钉。在【螺钉设计】对话框中选择【编辑】单选按钮,单击开腔按钮,系统会用螺钉对相关零件进行开腔,如图 3-6-2 所示。B 板用相同的方法布置螺钉并开腔。

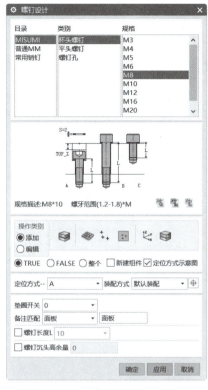

图 3-6-1 【螺钉设计】对话框

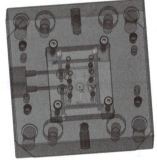

图 3-6-2 布置完成的螺钉

二、调用回针弹簧、限位柱

(1) 调用回针弹簧。选择【益模模具设计大师】→【结构设计】→【标准件库】命令,系统弹出【标准件库】对话框,如图 3-6-3 所示。在【目录】下拉列表框中选择【标准配件库】命令,在下方列表中选择【弹簧】命令,在右边图片中选择【蓝弹簧组合】命令,将滚动条滑到最下面,将顶出距离参数 EJ_dist 设置为 20.00,然后单击【应用】按钮,系统会在回针处生成回针弹簧。单击开腔按钮,系统会用弹簧的假体对 B 板进行开腔,如图 3-6-4 所示。

(2) 调用限位柱。选择【益模模具设计大师】→【结构设计】→【标准件库】命令,系统弹出【标准件库】对话框,如图 3-6-5 所示。在【目录】下拉列表框中选择【标准配件库】命令,在下方列表中选择【限位柱】命令,在【参数设置】选项卡的【规格类型】下拉列表框中选择 φ20 命令,将高度 H 设置为 20.00,单击【指定位置】按钮,系统会弹出布点界面,按 S 键将布点切换成四角镜像,按 Q 键将移动步距改为整数,然后单击【取消】按钮,系统返回【标准件库】对话框,再单击【应用】按钮,系统会在布点位置生成 4 个限位柱。最后单击开腔按钮,系统会用限位柱的假体对相关零件进行开腔,如图 3-6-6 所示。

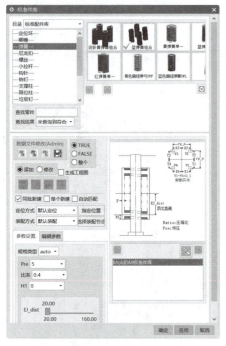

图 3-6-3 【标准件库】对话框

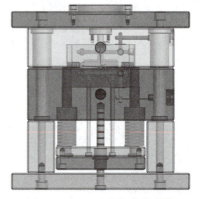

图 3-6-4 开腔完成的弹簧

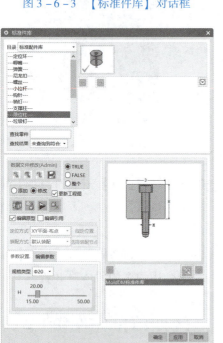

图 3-6-5 【标准件库】对话框

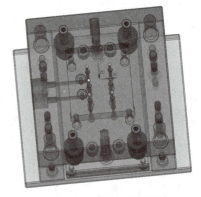

图 3-6-6 开腔完成的限位柱

三、调用支撑柱及垃圾钉

(1) 选择【益模模具设计大师】→【结构设计】→【标准件库】命令,系统弹出【标准件库】对话框,如图 3-6-7 所示。在【目录】下拉列表框中选择【标准件库】命令,在下方列表中选择【支撑柱】命令,在【参数设置】选项卡中将【规格类型】设置为 30,单击

【指定位置】按钮，系统会弹出布点界面。按 S 键将布点切换成以 XC – ZC 平面镜像，按 Q 键将移动步距改为整数，然后单击【取消】按钮，系统返回【标准件库】对话框，再单击【应用】按钮，系统会在布点位置生成 4 个支撑柱。最后单击开腔按钮 ，系统会用支撑柱的假体对相关零件进行开腔，如图 3 – 6 – 8 所示。

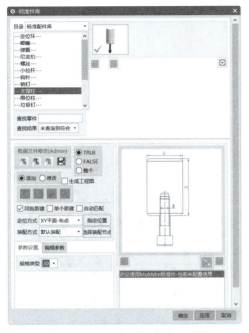
图 3 – 6 – 7 【标准件库】对话框

图 3 – 6 – 8 布置完成的支撑柱

（2）选择【益模模具设计大师】→【结构设计】→【标准件库】命令，系统弹出【标准件库】对话框，如图 3 – 6 – 9 所示。在【目录】下拉列表框中选择【标准件库】命令，在下方列表中选择【垃圾钉】命令，在右边图片中选择第 2 种垃圾钉命令，在【参数设置】选项卡的【规格类型】下拉列表框中选择 D25 命令，单击【指定位置】按钮，系统会弹出布点界面。按 S 键将布点切换成四角平面镜像，按 Q 键将移动步距改为整数，单击【取消】按钮，系统返回【标准件库】对话框，然后单击【应用】按钮，系统会在布点位置生成垃圾钉，最后单击开腔按钮 ，系统会用垃圾钉的体对相关零件进行开腔，如图 3 – 6 – 10 所示。

四、创建撬模槽及顶出孔

（1）选择【益模模具设计大师】→【结构设计】→【标准件库】命令，系统弹出【标准件库】对话框，如图 3 – 6 – 11 所示。在【目录】下拉列表框中选择【标准配件库】命令，在下方列表中选择【撬模槽】命令，在【参数设置】选项卡的【规格类型】下拉列表框中选择【30×30×5】命令，在【定位方式】下拉列表框中选择【面 – 点】命令，然后单击【指定位置】按钮，在弹出的对话框中选中 B 板的顶面，系统会自动弹出【点】对话框，将点设置为坐标原点，X、Y、Z 设置为 0，然后单击【取消】按钮，系统返回【标准件库】对话框，再单击【应用】按钮，系统会在布点位置生成撬模槽。最后单击开腔按钮 ，系统会用撬模槽的体对 B 板进行开腔，如图 3 – 6 – 12 所示。

63

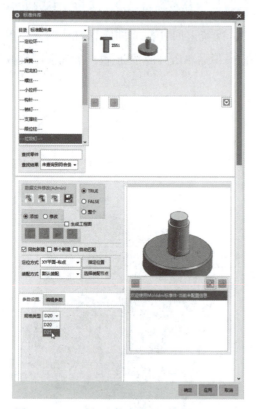

图 3-6-9 【标准件库】对话框中的垃圾钉

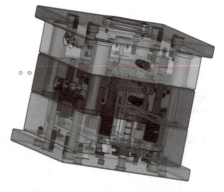

图 3-6-10 布置完成的垃圾钉

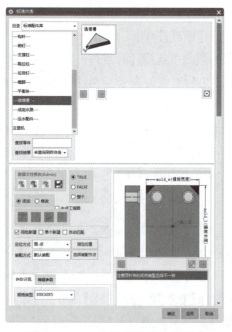

图 3-6-11 【标准件库】对话框

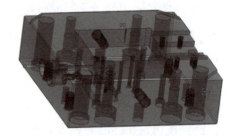

图 3-6-12 开腔完成的撬模槽

(2) 选择【插入】→【曲线】→【基本曲线】命令,系统弹出图 3-6-13 所示的【基本曲线】对话框。单击直线按钮，在底板长方形的中心创建一条直线,如图 3-6-14 所示。

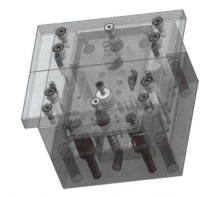

图 3-6-13 【基本曲线】对话框　　　　图 3-6-14 创建好的直线

（3）在【基本曲线】对话框中单击圆按钮⚪，如图 3-6-15 所示。在刚创建的直线中心创建一个 40 mm 的圆，如图 3-6-16 所示。

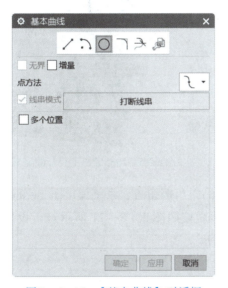

图 3-6-15 【基本曲线】对话框　　　　图 3-6-16 创建的圆

（4）单击拉伸按钮，系统弹出图 3-6-17 所示的【拉伸】对话框。选中刚创建的圆，在【指定矢量】下拉列表框中选择 ZC 命令，在【开始】下拉列表框中选择【值】命令，将其【距离】设置为 -31 mm，最后单击【应用】按钮，系统会生成 1 个圆柱体，如图 3-6-18 所示。

（5）选择【益模模具设计大师】→【腔体工具】命令，系统弹出图 3-6-19 所示的【EMoldDM 腔体工具】对话框。将底板选为目标体，将刚创建的圆柱体选为工具体，单击【确定】按钮，系统会用后模型芯对底板进行开腔，如图 3-6-20 所示。然后用层工具将曲线和减腔体设置到 256 层。

图 3-6-17 【拉伸】对话框

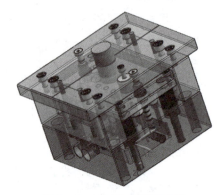

图 3-6-18 生成的圆柱体

图 3-6-19 【EMoldDM 腔体工具】对话框

图 3-6-20 腔体工具开腔完成的底板

(6) 双击底板将底板设置为工作部件,单击倒斜角按钮 ,系统弹出图 3-6-21 所示的【倒斜角】对话框。在图形中选中孔的边,然后按照图 3-6-21 所示进行设置,单击【确定】按钮,完成顶出孔设计,如图 3-6-22 所示。

图 3-6-21 【倒斜角】对话框

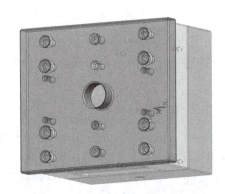

图 3-6-22 创建完成的顶出孔

项目四　异径套模具设计（推板顶出）

设计思路分析

本产品模具设计思路为，调用产品—产品排位—模具成型零件设计—调用模架—冷却系统设计—浇注系统设计—辅助零件设计。

根据产品判断此模具分型面在产品的底部 R 角根部且为平面，模架类型为 BI 模架、浇注系统根据模具开模说明书中的描述为大水口侧进胶、无滑块斜顶，顶出机构为推板顶出。

任务一　模具成型零件设计

一、项目初始化

（1）将从客户处拿来的产品图放到一个文件夹中。

（2）打开 UGNX10.0 软件，将异径套模具产品图打开，操作步骤如下。

单击【文件】菜单，选择【打开】命令，系统弹出【打开】对话框，选取要打开的文件，单击 OK 按钮，完成产品图的打开，如图 4-1-1、图 4-1-2 所示。

图 4-1-1　【打开】对话框

图 4-1-2　模具产品图

（3）选择【益模模具设计大师】→【项目初始化】命令，系统弹出【项目初始化】对话框，如图 4-1-3 所示。按照对话框中的内容填写相关信息，完成后单击【确定】按钮，系统会提示项目初始化成功。

注意：勾选【生成装配树架构】命令，系统会自动生成标准的装配节点，后期调用的滑块、斜顶，以及标准件都会装配到对应的节点里，如图 4-1-4 所示。

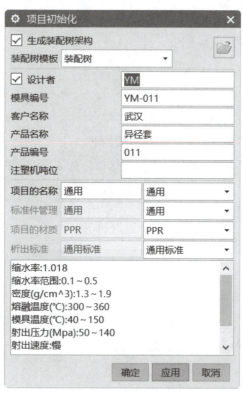

图 4-1-3　【项目初始化】对话框

图 4-1-4　【装配导航器】对话框

二、产品收缩率设置

（1）选择【益模模具设计大师】→【产品收缩率设置】命令，系统弹出【产品缩水，产品中心设置】对话框，如图 4-1-5 所示。选中【产品中心设置】标签，双击产品列表中的产品名，然后单击设置中心按钮，产品就会移动到几何中心，如图 4-1-6 所示。

图4-1-5 【产品缩水，产品中心设置】对话框　　图4-1-6 坐标系放置在产品中心

(2) 在【产品缩水，产品中心设置】对话框中选择【产品放缩水】标签，如图4-1-7所示。根据操作步骤，先确定【产品材质】是否为PPR，然后在【缩水类型】下拉列表框中选择【指定点】命令，【缩水率】取系统默认值，完成后单击选择产品按钮 ，选择图形中的产品，然后单击指定点按钮 ，系统弹出【点】对话框，将点的绝对坐标X、Y、Z的值都设置为0，如图4-1-8所示，再单击放缩水按钮 ，系统会提示放缩水成功，产品列表中产品对应的【设置中心】和【设置缩水】会打钩，如图4-1-9所示。

图4-1-7 产品放缩水设置　　　　　　图4-1-8 设置标准点

69

图 4－1－9　设置中心及设置放缩水成功

三、产品排位

（1）按 Ctrl + T 快捷键，系统弹出【移动对象】对话框，如图 4－1－10 所示。按照操作步骤先选择图档中的模型，在【运动】下拉列表框中选择【点到点】命令，将【指定出发点】设置为模型中 R 角根部的中心点，将【指定目标点】设置为绝对坐标系原点。在【结果】选项组选择【移动原先的】单选按钮，最后单击【确定】按钮，系统会将产品移动到设定位置，如图 4－1－11 所示。

图 4－1－10　【移动对象】对话框

图 4－1－11　移动后的产品位置

（2）按 Ctrl + T 快捷键，系统弹出【移动对象】对话框，如图 4－1－12 所示。按照操作步骤先选中图档中的模型，在【运动】下拉列表框中选择【角度】命令，在【指定矢量】下拉列表框中选择 XC 命令，将【指定轴点】设置为绝对坐标系原点￢命令，将【角度】设置为 90 deg，在【结果】选项组选择【移动原先的】单选按钮，最后单击【确定】按钮，系统会在图形中将模型旋转 90°，如图 4－1－13 所示。这样做的目的是将绝对坐标系 ZC 方向与模型的高度方向保持一致。

图 4-1-12 【移动对象】对话框　　　　图 4-1-13 旋转后的产品

（3）按 Ctrl+T 快捷键，系统弹出【移动对象】对话框，如图 4-1-14 所示。按照操作步骤先选中图档中的模型，在【运动】下拉列表框中选择【距离】命令，在【指定矢量】下拉列表框中选择 -YC 命令，将【距离】设置为 125 mm，在【结果】选项组选择【复制原先的】单选按钮，最后单击【确定】按钮，系统会复制出一个产品，如图 4-1-15 所示。

图 4-1-14 【移动对象】对话框　　　　图 4-1-15 复制后的产品

四、创建成型零件

(1) 选择【益模模具设计大师】→【创建方块】命令，系统弹出图4-1-16所示的【创建方块】对话框。按该图所示选中模型中的2个产品，将【设置】选项组中的【间隙】设置为40 mm，【大小精度】设置为5，【位置精度】设置为0，然后将ZC正方向【面间隙】设置为25，将ZC负方向【面间隙】设置为30，如图4-1-17所示，最后单击【确定】按钮完成方块大小的设置。

图4-1-16　【创建方块】对话框

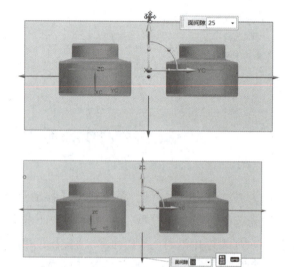

图4-1-17　创建完成的方块

(2) 单击拉伸按钮，系统弹出图4-1-18所示的【拉伸】对话框。选择产品R角根部的边，在【指定矢量】下拉列表框中选择ZC命令，在【结束】下拉列表框中选择【值】命令，将其【距离】设置为72 mm，最后单击【确定】按钮，系统会生成2个圆柱体，如图4-1-19所示。

(3) 选择【插入】→【同步建模】→【调整面大小】命令，系统弹出图4-1-20所示的【调整面大小】对话框。在模型中选中圆柱的面，如图4-1-21所示，然后在【大小】选项组中将【直径】设置为45 mm，最后单击【确定】按钮。

(4) 单击拉伸按钮，系统弹出图4-1-22所示的【拉伸】对话框。选择产品R角根部的边，在【指定矢量】下拉列表框中选择ZC命令，在【结束】下拉列表框中选择【值】命令，将其【距离】设置为32 mm，最后单击【应用】按钮，系统会生成2个圆柱体，如图4-1-23所示。

(5) 选择【插入】→【同步建模】→【调整面大小】命令，系统弹出图4-1-24所示的【调整面大小】对话框。在模型中选中圆柱的面，然后在【大小】选项组中将【直径】设置为70 mm，最后单击【确定】按钮，如图4-1-25所示。

图4-1-18 【拉伸】对话框

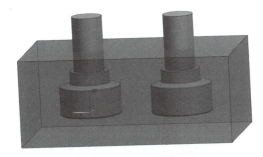
图4-1-19 拉伸圆柱体

图4-1-20 【调整面大小】对话框

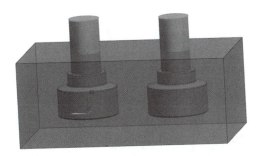
图4-1-21 调整的圆柱面

图 4-1-22 【拉伸】对话框

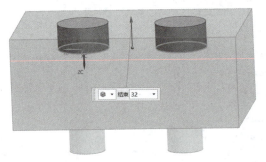

图 4-1-23 拉伸圆柱体

图 4-1-24 【调整面大小】对话框

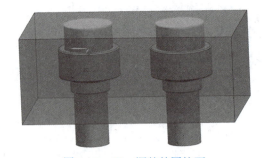

图 4-1-25 调整的圆柱面

（6）按 Ctrl+B 快捷键将产品、模仁方块与 2 个小直径的圆柱体隐藏，单击拔模按钮，系统弹出图 4-1-26 所示的【拔模】对话框。将【角度1】设置为 3 deg，选中靠近产品要拔模部分的边，最后单击【确定】按钮，系统会对圆柱体进行拔模，如图 4-1-27 所示。

图 4-1-26 【拔模】对话框

图 4-1-27 被拔模的圆柱体

（7）按 Ctrl+Shift+U 快捷键显示全部模型，单击求差按钮 ，系统弹出图 4-1-28 所示的【求差】对话框。【目标】选择模仁方块，【工具】选择产品和创建好的圆柱体与圆锥体，最后单击【确定】按钮，系统会对模型进行求差，如图 4-1-29 所示。

图 4-1-28 【求差】对话框

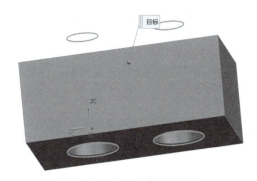

图 4-1-29 求差后的模仁

（8）单击拆分体按钮 ，系统弹出图 4-1-30 所示的【拆分体】对话框。【目标】选择方块，在【工具选项】下拉列表框中选择【新建平面】命令，在【指定平面】下拉列表框中选择 ZC 命令，最后单击【确定】按钮，系统会将方块分成 2 个部分，如图 4-1-31 所示。

图 4-1-30 【拆分体】对话框

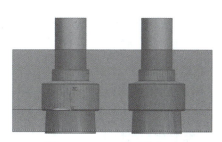

图 4-1-31 前后模分开

(9)按 Ctrl + B 快捷键将产品、模仁方块隐藏,然后选择【格式】→【WCS】→【原点】命令,系统弹出【点】对话框,如图 4 – 1 – 32 所示。将工作坐标系移动到如图 4 – 1 – 33 所示的位置。

图 4 – 1 – 32 【点】对话框

图 4 – 1 – 33 坐标系放置的位置

(10)单击拆分体按钮 ,系统弹出图 4 – 1 – 34 所示的【拆分体】对话框。【目标】选择圆柱,在【工具选项】下拉列表框中选择【新建平面】命令,在【指定平面】下拉列表框中选择 ZC 命令,最后单击【确定】按钮,系统会将圆柱体分成 2 个部分,如图 4 – 1 – 35 所示。

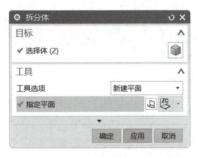

图 4 – 1 – 34 【拆分体】对话框

图 4 – 1 – 35 将圆柱体分开

(11)单击合并按钮 ,系统弹出图 4 – 1 – 36 所示的【合并】对话框。【目标】选择其中一个圆柱体,【工具】选择另一个圆柱体,单击【确定】按钮,系统会将 2 个圆柱体合并成一个带台阶的圆柱体,如图 4 – 1 – 37 所示。另一个圆柱体也用相同的方法创建,这样前模型芯就创建完成了。

(12)单击合并按钮 ,系统弹出图 4 – 1 – 38 所示的【合并】对话框。【目标】选择其中一个圆柱体,【工具】选择另一个圆柱体,单击【确定】按钮,系统会将 2 个圆柱体合并成一个带台阶的圆柱体,如图 4 – 1 – 39 所示。另一个圆柱体也用相同的方法创建,这样后模型芯就创建完成了。

图 4-1-36 【合并】对话框

图 4-1-37 前模型芯合并

图 4-1-38 【合并】对话框

图 4-1-39 后模型芯合并

(13) 选择【格式】→【WCS】→【WCS 设为绝对】命令,系统将 WCS 坐标系设置为绝对坐标系。选择【插入】→【修剪】→【修剪体】命令,系统弹出图 4-1-40 所示的【修剪体】对话框。先将需要修剪的片体选中,然后在【指定平面】下拉列表框中选择 ZC 命令,将【距离】设置为 80,最后单击【确定】按钮,系统会将片体切成图 4-1-41 所示的形状。

图 4-1-40 【修剪体】对话框

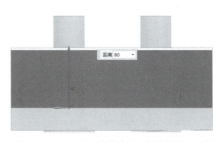

图 4-1-41 将前模仁多余的部分切掉

(14) 选择【插入】→【同步建模】→【替换面】命令，系统弹出图 4-1-42 所示的【替换面】对话框。在图形中将圆柱端面选择为【要替换的面】，将前模仁底面选择为【替换面】，单击【应用】按钮，系统会将圆柱端面替换到前模仁底面的位置，如图 4-1-43 所示。另一个前模型芯也用相同的方法替换。

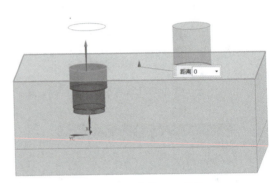

图 4-1-42 【替换面】对话框　　　　　　图 4-1-43 前模型芯替换面

(15) 按 Ctrl+J 快捷键，系统弹出【类选择】对话框，如图 4-1-44 所示。在模型中选中 2 个前模型芯，如图 4-1-45 所示，单击【确定】按钮，系统弹出【编辑对象显示】对话框，如图 4-1-46 所示。单击【颜色】后的选择框，系统弹出【颜色】对话框，如图 4-1-47 所示，将颜色设置为 181 号红色，单击【确定】按钮，如图 4-1-48 所示，【编辑对象显示】对话框中【颜色】后的选择框即变为刚才设置的红色，单击【确定】按钮，系统就会将前模型芯的颜色改成红色，如图 4-1-49 所示。后模型芯也可以用相同的方法改变颜色。

图 4-1-44 【类选择】对话框　　　　　　图 4-1-45 选中前模型芯

图4-1-46 【编辑对象显示】对话框

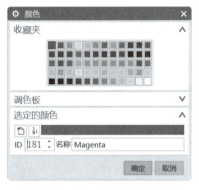

图4-1-47 【颜色】对话框

图4-1-48 【编辑对象显示】对话框

图4-1-49 选中的前模型芯改变颜色

任务二　调用模架

一、创建模架

（1）选择【益模模具设计大师】→【模仁信息填写】命令，系统弹出【模仁信息】对话框，如图4-2-1所示。根据【操作步骤】选择对应的上模仁、下模仁，如图4-2-2所示。然后上下模仁的相关尺寸会录入系统。

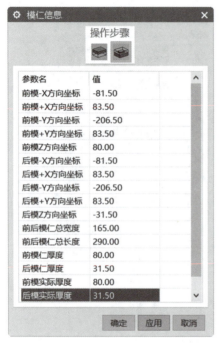

图4-2-1　【模仁信息】对话框

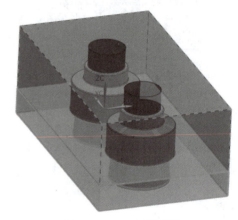

图4-2-2　选中的模仁

（2）选择【益模模具设计大师】→【模架设计】命令，系统弹出【模架设计】对话框，如图4-2-3所示。在【分类】下拉列表框中选择【LKM_大水口】命令，在【类型】下拉列表框中选择B命令，根据图4-2-3所示设置各个参数。然后单击【应用】按钮，系统会根据设置好的参数生成相关模架，如图4-2-4所示。按Ctrl+L快捷键，系统弹出【层设置】对话框，关掉250层以后的层。

（3）观察图4-2-4发现，此时模仁XC、YC方向的中心与模架的XC、YC方向不重合，需要将模仁XC、YC方向的中心移动到模架XC、YC方向的中心位置。按Ctrl+B快捷键将模架所有零件隐藏。然后选择【插入】→【曲线】→【基本曲线】命令，系统弹出【基本曲线】对话框，如图4-2-5所示。单击直线按钮，在【点方法】下拉列表框中选择圆心⊙命令，最后在模型中创建一条与产品中心相连的直线，如图4-2-6所示。

（4）按Ctrl+T快捷键，系统弹出【移动对象】对话框，如图4-2-7所示。选中图档中的模型，根据图4-2-7中的设置，在【运动】下拉列表框中选择【点到点】命令，将

80

【指定出发点】设置为曲线的中点,将【指定目标点】设置为绝对坐标系原点,在【结果】选项组中选择【移动原先的】单选按钮,最后单击【确定】按钮,系统会将模仁按设置的位置移动,如图4-2-8所示。

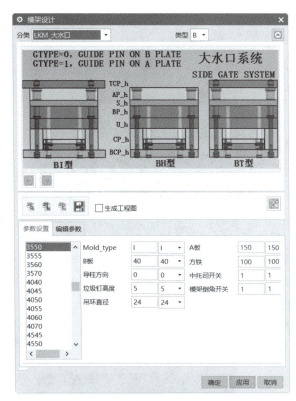

图4-2-3 【模架设计】对话框

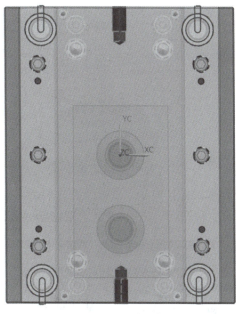

图4-2-4 生成的模架

图4-2-5 【基本曲线】对话框

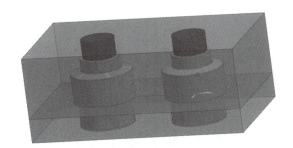

图4-2-6 创建好的直线

图4-2-7 【移动对象】对话框

图4-2-8 移动后的模仁

(5) 通过观察发现此模架偏大,需要将模架改小,再次选择【益模模具设计大师】→【模架设计】命令,系统弹出【模架设计】对话框。将参数按照图4-2-9所示进行修改,单击【确定】按钮,系统会根据新的参数改变模架,如图4-2-10所示。

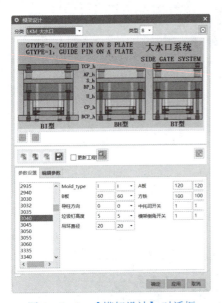

图4-2-9 【模架设计】对话框

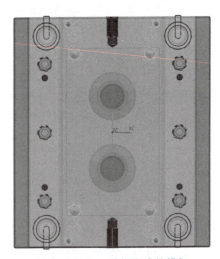

图4-2-10 重新生成的模架

(6) 观察发现推板与B板之间有一个0.5 mm的间隙,根据设计经验,推板若做成型零部件,就需要取消此间隙。选择【益模模具设计大师】→【模架设计】命令,系统弹出【模架设计】对话框,如图4-2-11所示。单击可视化编辑按钮,系统弹出【可视化编辑】对话框,如图4-2-12所示。将【B板切口】设置为0,最后单击【确定】按钮,系统会按照参数重新生成模架。

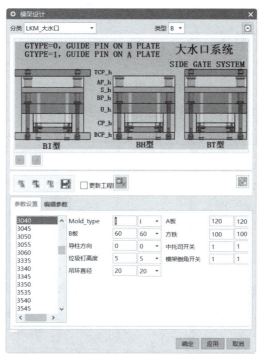

图 4-2-11 【模架设计】对话框

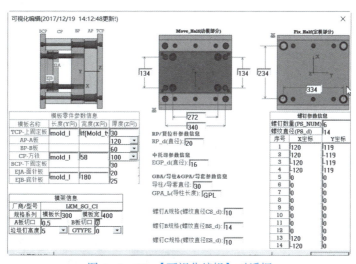

图 4-2-12 【可视化编辑】对话框

二、型芯设计

（1）按 Ctrl + B 快捷键与 Ctrl + Shift + B 快捷键将前模仁与 2 个未设计完成的型芯单独显示，然后单击拉伸按钮 ，系统弹出【拉伸】对话框，如图 4-2-13 所示。选中模型中前模型芯的边，按照图 4-2-13 所示设置拉伸参数后单击【确定】按钮，系统会拉伸出一个圆柱体，如图 4-2-14 所示。

图 4-2-13 【拉伸】对话框

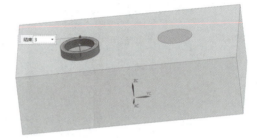

图 4-2-14 拉伸后的前模型芯

（2）选择【格式】→【WCS】→【原点】命令，系统弹出图 4-2-15 所示的【点】对话框，将坐标原点放置在图 4-2-16 所示的位置。单击修剪体按钮，系统弹出图 4-2-17 所示的【修剪体】对话框。首先将要修剪的圆柱体选中，然后在【指定平面】下拉列表框中选择 YC 命令，将【距离】设置为 0.5，最后单击【确定】按钮，系统会将圆柱体切成如图 4-2-18 所示的形状。

图 4-2-15 【点】对话框

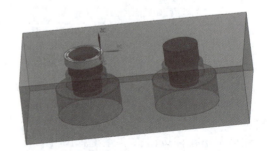

图 4-2-16 设置工作坐标系的位置

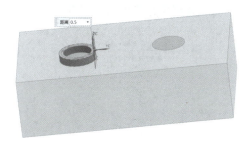

图4-2-17 【修剪体】对话框　　　　　图4-2-18 切后的圆柱体

(3) 选择【格式】→【WCS】→【WCS 设置为绝对】命令，将工作坐标系设置成绝对坐标系。单击变换按钮，系统弹出图4-2-19所示的【变换】对话框；在图形中选中圆柱体，如图4-2-20所示，单击【确定】按钮，系统弹出图4-2-21所示的【变换】对话框；单击【通过—平面镜像】按钮，系统弹出图4-2-22所示的【刨】对话框；在【类型】下拉列表框中选择【XC-ZC 平面】命令，单击【确定】按钮，系统弹出图4-2-23所示的【变换】对话框；单击【复制】按钮，系统会镜像出另一个圆柱体；单击【确定】按钮完成另一个型芯挂台的创建，如图4-2-24所示。

图4-2-19 【变换】对话框　　　　　图4-2-20 选中圆柱体

图4-2-21 【变换】对话框　　　　　图4-2-22 【刨】对话框

图 4-2-23 【变换】对话框

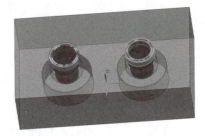

图 4-2-24 复制完成的型芯挂台

(4) 单击合并按钮 ，系统弹出图 4-2-25 所示的【合并】对话框。【目标】选择其中一个圆柱体，【工具】选择另一个圆柱体，单击【确定】按钮，此时刚创建的圆柱体就会与前模型芯合并，如图 4-2-26 所示。另一个前模型芯也按此方法进行合并。

图 4-2-25 【合并】对话框

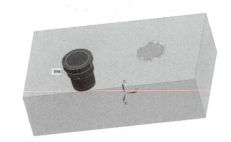

图 4-2-26 将圆柱体与前模型芯合并

(5) 单击求差按钮 ，系统弹出图 4-2-27 所示的【求差】对话框。【目标】选择前模仁，【工具】选择前模型芯，勾选【保存工具】复选框，单击【确定】按钮，系统会用前模型芯对前模仁进行求差，如图 4-2-28 所示。

图 4-2-27 【求差】对话框

图 4-2-28 求差后的前模仁

（6）按 Ctrl + B 快捷键将前模型芯隐藏，单击偏置面按钮，系统弹出图 4 - 2 - 29 所示的【偏置面】对话框。将【偏置】设置为 - 2 mm，在模型中选中要偏置的面，最后单击【确定】按钮，系统会将挂台避空孔扩大，如图 4 - 2 - 30 所示。

图 4 - 2 - 29　【偏置面】对话框　　　　图 4 - 2 - 30　选中偏置的面

（7）单击边倒圆按钮，系统弹出图 4 - 2 - 31 所示的【边倒圆】对话框。将【半径 1】设置为 6.5 mm，在模型中选中要倒圆角的边，如图 4 - 2 - 32 所示，最后单击【确定】按钮，系统会生成倒角。

图 4 - 2 - 31　【边倒圆】对话框　　　　图 4 - 2 - 32　选中要倒圆角的边

（8）按 Ctrl + Shift + U 快捷键显示全部模型，然后按 Ctrl + B 快捷键将未设计完成的后模型芯与推板隐藏，再按 Ctrl + Shift + B 快捷键将推板未设计完成的后模型芯显示出来。单击修剪体按钮，系统弹出图 4 - 2 - 33 所示的【修剪体】对话框。将要修剪的前模型芯圆柱体选中，在【指定平面】下拉对话框中选择 ZC 命令，将距离改为 30，然后单击反向按钮，最后单击【确定】按钮，系统会将圆柱体切成如图 4 - 2 - 34 所示的形状。

图 4 - 2 - 33　【修剪体】对话框　　　　图 4 - 2 - 34　修剪后的前模型芯

(9) 单击拉伸按钮▣,系统弹出【拉伸】对话框,如图 4-2-35 所示。选中模型中前模型芯的边,在【结束】下拉列表框中选择【值】命令,将其【距离】设置为 60 mm,单击【确定】按钮,系统会拉伸出一个圆柱体,如图 4-2-36 所示。

图 4-2-35 【拉伸】对话框　　　图 4-2-36 拉伸后的前模型芯

(10) 单击拉伸按钮▣,系统弹出【拉伸】对话框,如图 4-2-37 所示。选中模型中后模型芯的边,在【结束】下拉列表框中选择【值】命令,将其【距离】设置为 10 mm。在【布尔】下拉列表框中选择【合并】命令,并在模型中将要合并的体选中。在【偏置】下拉列表框中选择【两侧】命令,将【开始】设置为 -3 mm,将【结束】设置为 3 mm,完成后单击【确定】按钮,系统会拉伸出一个圆柱体并与原来的圆柱体合并,如图 4-2-38 所示。

(11) 选择【格式】→【WCS】→【原点】命令,系统弹出图 4-2-39 所示的【点】对话框,将坐标原点放置到图 4-2-40 所示的位置。然后单击修剪体按钮▣,系统弹出图 4-2-41 所示的【修剪体】对话框。首先将要修剪的圆柱体选中,然后在【指定平面】下拉列表框中选择 YC 命令,将【距离】设置为 0.5,最后单击【确定】按钮,系统会将圆柱体切成如图 4-2-42 所示的形状。

(12) 选择【格式】→【WCS】→【WCS设置为绝对】命令,将工作坐标系设置成绝对坐标系。单击变换按钮,系统弹出图 4-2-43 所示的【变换】对话框;在图形中选中圆柱体,如图 4-2-44 所示,单击【确定】按钮,系统弹出图 4-2-45 所示的【变换】对话框；单击【通过—平面镜像】按钮，系统弹出图 4-2-46 所示的【刨】对话框；在【类型】下拉列表框中选择【XC-ZC 平面】命令，单击【确定】按钮，系统弹出图 4-2-47 所示的【变换】对话框；单击【复制】按钮，系统会镜像出另一个圆柱体；单击【确定】按钮完成另一个圆柱体的创建，如图 4-2-48 所示。

图 4-2-37 【拉伸】对话框

图 4-2-38 拉伸后的后模型芯

图 4-2-39 【点】对话框

图 4-2-40 设置工作坐标的位置

图4-2-41 【修剪体】对话框　　　　图4-2-42 切后的圆柱体

图4-2-43 【变换】对话框　　　　图4-2-44 选中的圆柱体

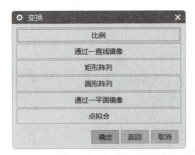

图4-2-45 【变换】对话框　　　　图4-2-46 【刨】对话框

图 4-2-47 【变换】对话框

图 4-2-48 复制完成另一个型芯圆柱体

（13）单击合并按钮，系统弹出图 4-2-49 所示的【合并】对话框。【目标】选择其中一个圆柱体，【工具】选择另一个圆柱体，单击【确定】按钮，此时刚创建的圆柱体就会与后模型芯合并，如图 4-2-50 所示。另一个后模型芯也按此方法进行合并。

图 4-2-49 【合并】对话框

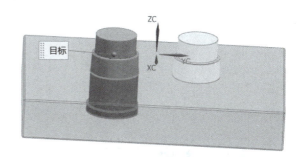

图 4-2-50 后模型芯合并

三、模架开框及开腔

（1）按 Ctrl + Shift + U 快捷键显示全部模型。选择【益模模具设计大师】→【模架设计】→【模架开框】命令，系统弹出【模架开框】对话框，如图 4-2-51 所示。在【开模类型】下拉列表框中选择【前模 - 清角类型】命令，选中【生成】单选按钮，在模型里先选择 A 板，然后选中前模仁，完成后单击【应用】按钮，系统会用前模仁对 A 板进行开框，如图 4-2-52 所示。在【开模类型】下拉列表框中选择【后模 - 清角类型】命令，如图 4-2-53 所示，再按照前面的操作步骤对后模进行开框，如图 4-2-54 所示。

（2）双击推板，将推板设置为工作部件，选择【插入】→【同步建模】→【删除面】命令，系统弹出图 4-2-55 所示的【删除面】对话框，在模型中将 4 个清角的 R 角选中，单击【确定】按钮，系统将 R 角删除，如图 4-2-56 所示。

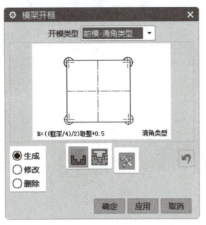

图4-2-51 【模架开框】对话框

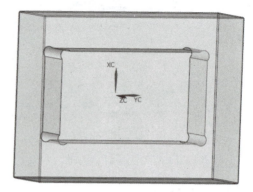

图4-2-52 A板开框

图4-2-53 【模架开框】对话框

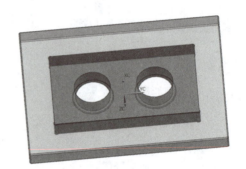

图4-2-54 后模开框

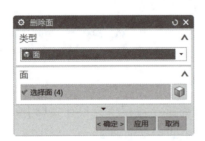

图4-2-55 【删除面】对话框

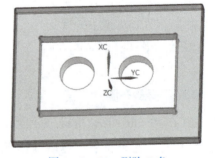

图4-2-56 删除R角

(3) 双击总结点,选择【插入】→【偏置/缩放】→【偏置面】命令,系统弹出图4-2-57所示的【偏置面】对话框。将【偏置】设置为-1.5 mm,然后在模型中选中后模仁的面,如图4-2-58所示,将要偏置的面与推板平齐。

(4) 选择【益模模具设计大师】→【辅助工具集】→【装配操作】命令,单击布尔求和按钮,系统弹出图4-2-59所示的"布尔和"对话框。将推板选为目标体,将后模仁的体选为工具体,单击【确定】按钮,系统会将推板与后模仁合并,如图4-2-60所示。

项目四 异径套模具设计（推板顶出）

图 4-2-57 【偏置面】对话框

图 4-2-58 要偏置的面

图 4-2-59 【布尔和】对话框

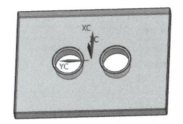

图 4-2-60 合并后的推板与后模仁

（5）选择【益模模具设计大师】→【腔体工具】命令，系统弹出图 4-2-61 所示的【EMoldDM 腔体工具】对话框。将 B 板选为目标体，将后模型芯选为工具体，最后单击【确定】按钮，系统会用后模型芯对 B 板进行开腔，如图 4-2-62 所示。

图 4-2-61 【EMoldDM 腔体工具】对话框

图 4-2-62 腔体工具开腔完成的 B 板

（6）双击 B 板，将 B 板设置为工作部件，选择【插入】→【偏置/缩放】→【偏置面】命令，系统弹出图 4-2-63 所示的【偏置面】对话框。将【偏置】设置为 -2 mm，然后在模型中选中推板的面，如图 4-2-64 所示，推板内圆弧即扩大做避空，完成后单击【确定】按钮。

（7）选择【插入】→【细节特征】→【边倒圆】命令，系统弹出如图 4-2-65 所示的【边倒圆】对话框。将【半径1】设置为 6.5 mm，在图形中选中要倒圆角的边，如图 4-2-66 所示，完成后单击【确定】按钮，系统会生成倒圆角。

93

图 4-2-63 【偏置面】对话框

图 4-2-64 选中要偏置的面

图 4-2-65 【边倒圆】对话框

图 4-2-66 选中要倒圆角的边

(8) 选择【益模模具设计大师】→【结构设计】→【标准件库】命令,系统弹出图 4-2-67 所示的【标准件库】对话框。将单选按钮【添加】切换为【修改】,然后单击开腔按钮, 系统弹出【确认】对话框,单击【确定】按钮,系统会用标准件对模架进行开腔,如图 4-2-68 所示。

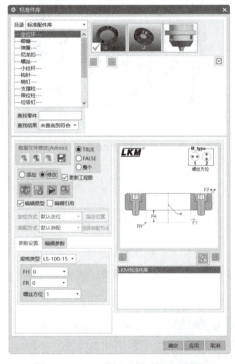

图 4-2-67 【标准件库】对话框

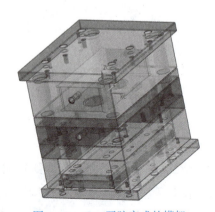

图 4-2-68 开腔完成的模架

项目四 异径套模具设计（推板顶出）

任务三 冷却系统设计

一、前模仁冷却系统设计

（1）选择【益模模具设计大师】→【结构设计】→【标准件库】命令，系统弹出图4-3-1所示的【标准件库】对话框。在【目录】下拉列表框中选择【标准配件库】命令，在下方列表中选择【成组水路】命令，在右边图片中选择【前模环形水路】命令。在【规格类型】下拉列表框中选择 Hasco 命令，将 D 设置为8、SIDE 设置为 right、H2 设置为60、H3 设置为15、L5 设置为20、L1 设置为25.00，其他参数默认。单击【确定】按钮，系统会根据设置的参数生成前模环形水路，如图4-3-2所示。

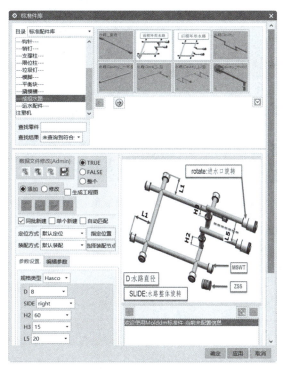

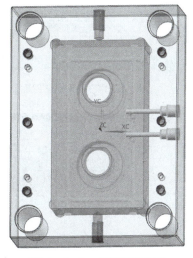

图4-3-1 【标准件库】对话框　　　　图4-3-2 前模环形水路

（2）第1条环形水路设计完成后，开始设计第2条环形水路。选择【益模模具设计大师】→【结构设计】→【标准件库】命令，系统弹出图4-3-3所示的【标准件库】对话框。在【目录】下拉列表框中选择【标准配件库】命令，在下方列表中选择【成组水路】命令，在右边图片中选择【前模环形水路】命令。在【规格类型】下拉列表框中选择 Hasco 命令，将 D 设置为8、SIDE 设置为 right、H2 设置为30、H3 设置为15、L5 设置为50、L1 设置为40.00，其他参数默认。单击【确定】按钮，系统会根据设置的参数生成第2条前模环形水路，如图4-3-4所示。

（3）系统调出对应的水路后，在【标准件库】对话框中单击开腔按钮，如图4-3-5

所示。系统会用选中的水路对相关零件进行开腔，完成后在模型中选中另一条水路，在对话框中单击开腔按钮，系统会用另一条水路对模型进行开腔，如图4-3-6所示。

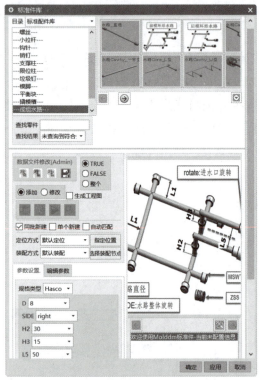

图4-3-3 【标准件库】对话框

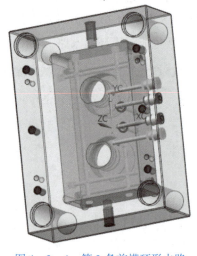

图4-3-4 第2条前模环形水路

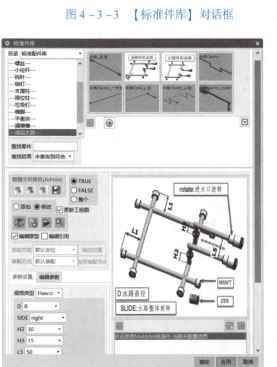

图4-3-5 【标准件库】对话框

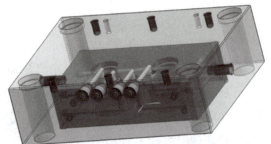

图4-3-6 开腔完成的前模仁水路

二、前模型芯冷却系统设计

(1) 按 Ctrl+B 快捷键与 Ctrl+Shift+B 快捷键将 2 个前模型芯单独显示，然后选择【主页】→【特征】→【孔】命令，系统弹出图 4-3-7 所示的【孔】对话框。在【位置】选项组中选择模型中前模型芯的圆心，在【形状】下拉列表框中选择【简单孔】命令，将【直径】设置为 25 mm，【深度】设置为 38 mm，其他参数默认，完成后单击【应用】按钮，系统会在模型中生成翻水孔，如图 4-3-8 所示。另一个前模型芯的翻水孔也用同样的方法创建。

图 4-3-7 【孔】对话框

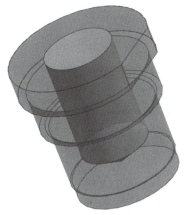
图 4-3-8 前模型芯翻水孔

(2) 选择【益模模具设计大师】→【冷却系统设计】→【冷却系统标准件设计】命令，系统弹出图 4-3-9 所示的【冷却系统标准件】对话框。在【目录】下拉列表框中选择【PUNCH 标准】命令，在【种类】下拉列表框中选择【密封圈】命令，然后在模型中选中翻水孔的圆心，单击【应用】按钮，系统会生成图 4-3-10 所示的密封圈。通过观察发现系统推荐的密封圈偏小，在对话框中将单选按钮【添加】切换为【修改】，如图 4-3-11 所示。在【规格系列】下拉列表框中选择 OORS35 命令，在模型中选中刚生成的密封圈，单击【应用】按钮，系统会按照修改后的设置重新生成密封圈。在对话框中单击开腔按钮，系统会用生成好的密封圈对型芯进行开腔，如图 4-3-12 所示。

(3) 按 Ctrl+Shift+U 快捷键将显示全部模型，然后按 Ctrl+B 快捷键将未设计完成的后模型芯与推板隐藏，再按 Ctrl+Shift+B 快捷键将 A 板、前模仁、前模型芯显示出来。选择【益模模具设计大师】→【结构设计】→【标准件库】命令，系统弹出图 4-3-13 所示的【标准件库】对话框。在【目录】下拉列表框中选择【标准配件库】命令，在下方列表中选择【成组水路】命令，在右边的图片中选择【水路 Cavity-mold】命令。将 D 设置为 10，L1 设置为 150.00，其他参数默认。单击【应用】按钮，系统会在模型中创建图 4-3-14 所示的进出水路。

图4-3-9 【冷却系统标准件】对话框　　　　图4-3-10 生成密封圈

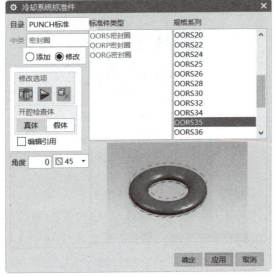

图4-3-11 【冷却系统标准件】对话框　　　　图4-3-12 开腔完成的密封圈

（4）选择【益模模具设计大师】→【辅助工具集】→【移动复制工具】命令，系统弹出图4-3-15所示的【移动/复制工具】对话框。在【操作选项】选项组中单击移动按钮，在【功能选项】选项组中单击平移按钮，在DYC文本框中输入52.000 0，单击【增量XYZ】按钮，系统会将此条水路移动到型芯的位置，如图4-3-16所示。

（5）选择【益模模具设计大师】→【结构设计】→【标准件库】命令，系统弹出图4-3-17所示的【标准件库】对话框。在【目录】下拉列表框中选择【标准配件库】命令，在下方列表中选择【成组水路】命令，在右边的图片中选择【水路Cavity-mold】命令。将D设置为6，L1设置为150.00，ROTATE设置为X_SIDE2，其他参数默认。单击【应用】按钮，系统会在模型中创建图4-3-18所示的进出水路。

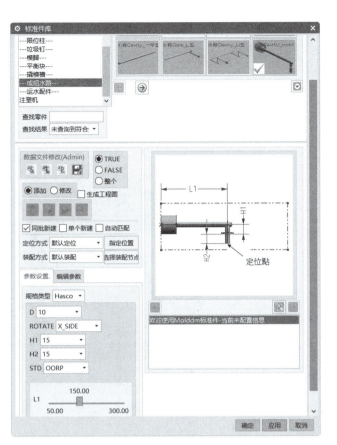
图4-3-13 【标准件库】对话框

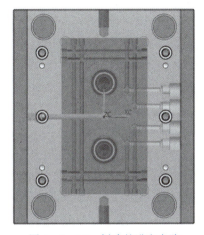
图4-3-14 创建的进出水路

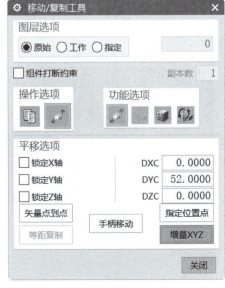
图4-3-15 【移动/复制工具】对话框

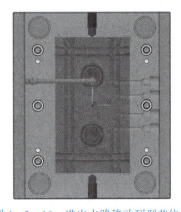
图4-3-16 进出水路移动到型芯位置

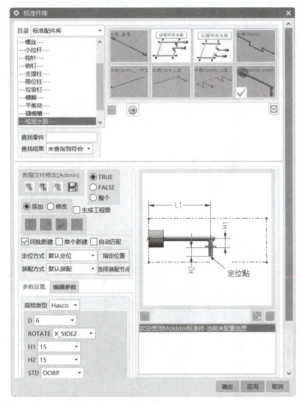

图4-3-17 【标准件库】对话框

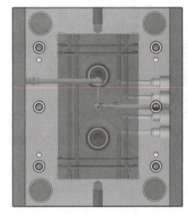

图4-3-18 创建的第2条进出水路

(6) 选择【益模模具设计大师】→【辅助工具集】→【移动复制工具】命令,系统弹出图4-3-19所示的【移动/复制工具】对话框。在【操作选项】选项组中单击移动按钮,在【功能选项】选项组中单击平移按钮,将DYC设置为72.0000,单击【增量XYZ】按钮,系统会将此条水路移动到型芯的位置,如图4-3-20所示。另一个前模型芯的2条进出水路都可以用此方法进行创建。

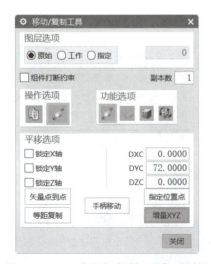

图4-3-19 【移动/复制工具】对话框

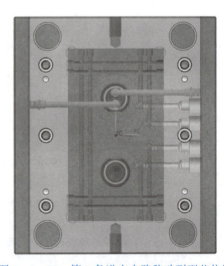

图4-3-20 第2条进出水路移动到型芯位置

（7）按 Ctrl + B 快捷键与 Ctrl + Shift + B 快捷键将 2 个前模型芯单独显示，选择【插入】→【曲线】→【基本曲线】命令，系统弹出【基本曲线】对话框，如图 4 - 3 - 21 所示。单击直线按钮，在【点方法】下拉列表框中选择象限点命令，然后在模型中创建 2 个象限点直线，如图 4 - 3 - 22 所示。

图 4 - 3 - 21　【基本曲线】对话框　　　　　图 4 - 3 - 22　创建隔水片的截面线

（8）单击拉伸按钮，系统弹出【拉伸】对话框，如图 4 - 3 - 23 所示。在模型中选中前模创建好的曲线，在【指定矢量】下拉列表框中选择图 4 - 3 - 24 所示命令，在【结束】下拉列表框中选择【值】命令，将其【距离】设置为 38 mm，在【偏置】选项组的【偏置】下拉列表框中选择【两侧】命令，将【开始】设置为 - 0.6 mm，【结束】设置为 0.6 mm，最后单击【确定】按钮，系统会生成隔水片，如图 4 - 3 - 24 所示。另一个前模型芯的隔水片也用相同的方法创建。

图 4 - 3 - 23　【拉伸】对话框　　　　　图 4 - 3 - 24　创建完成的隔水片

三、后模型芯冷却系统设计

（1）按 Ctrl + B 快捷键与 Ctrl + Shift + B 快捷键将 2 个后模型芯单独显示，然后选择【主页】→【特征】→【孔】命令，系统弹出图 4 - 3 - 25 所示的【孔】对话框。在【位置】选项组中选择模型中后模型芯的圆心，在【形状】下拉列表框中选择【简单孔】命令，将【直径】设置为 40 mm，【深度】设置为 100 mm，其他参数默认，完成后单击【确定】按钮，系统会在模型中生成翻水孔，如图 4 - 3 - 26 所示。另一个后模型芯的翻水孔也用同样的方法创建。

 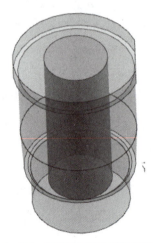

图 4 - 3 - 25　【孔】对话框　　　　图 4 - 3 - 26　创建完成的后模型芯翻水孔

（2）选择【益模模具设计大师】→【冷却系统设计】→【冷却系统标准件设计】命令，系统弹出图 4 - 3 - 27 所示的【冷却系统标准件】对话框。在【目录】下拉列表框中选择【PUNCH 标准】命令，在【种类】下拉列表框中选择【密封圈】命令，然后在模型中选中翻水孔的圆心，单击【应用】按钮，系统会生成图 4 - 3 - 28 所示的密封圈。通过观察发现系统推荐的密封圈偏小，在对话框中将单选按钮【添加】切换为【修改】，如图 4 - 3 - 29 所示。在【规格系列】下拉列表中选择 OORS48 命令，在模型中选中刚生成的密封圈，单击【应用】按钮，系统会按照规范重新生成密封圈。在对话框中单击开腔按钮，系统会用生成好的密封圈对型芯进行开腔，如图 4 - 3 - 30 所示。

（3）按 Ctrl + Shift + U 快捷键显示全部模型显示，选择【插入】→【曲线】→【基本曲线】命令，系统弹出【基本曲线】对话框，如图 4 - 3 - 31 所示。单击直线按钮，在【点方法】下拉列表框中选择控制点命令，然后在模型中创建直线，如图 4 - 3 - 32 所示。

图 4-3-27 【冷却系统标准件】对话框

图 4-3-28 生成密封圈

图 4-3-29 【冷却系统标准件】对话框

图 4-3-30 开腔完成的密封圈

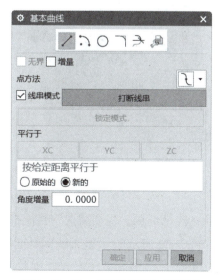

图 4-3-31 【基本曲线】对话框

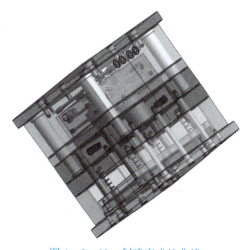

图 4-3-32 创建完成的曲线

(4) 选择【益模模具设计大师】→【辅助工具集】→【移动复制工具】命令，系统弹出图 4-3-33 所示的【移动/复制工具】对话框。先将前模型芯的进出水路选中，如图 4-3-34 所示。在【操作选项】选项组中单击复制按钮，在【功能选项】选项组中单击旋转按钮，将【旋转角度】设置为 180.000 0，单击【点和矢量】按钮，系统弹出图 4-3-35 所示的【点】对话框，在模型中选中曲线的中点，如图 4-3-36 所示。单击【确定】按钮，系统弹出如图 4-3-37 所示的【矢量】对话框，在【类型】下拉列表框中选择【XC 轴】命令，然后单击【确定】按钮，系统将前模型芯的进出水路复制到后模型芯的位置，变成后模型芯的进出水路，如图 4-3-38 所示。

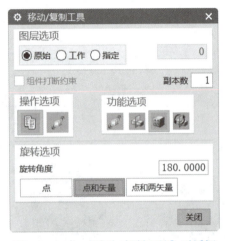

图 4-3-33 【移动/复制工具】对话框

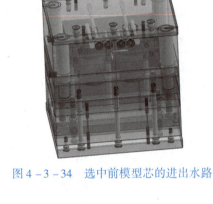

图 4-3-34 选中前模型芯的进出水路

图 4-3-35 【点】对话框

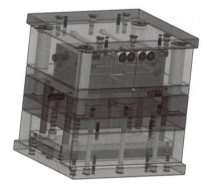

图 4-3-36 模型中选中曲线中点

(5) 通过观察发现，刚调出来的进出水路有多余的小密封圈，需要将此密封圈抑制掉。在装配工具条中单击抑制组件按钮，系统弹出图 4-3-39 所示的【类选择】对话框。在模型中选中小密封圈，如图 4-3-40 所示，单击【确定】按钮，系统会将此密封圈抑制掉，相当于删除。

图 4-3-37 【矢量】对话框

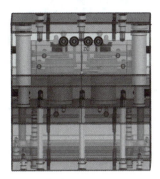

图 4-3-38 复制到后模型芯的进出水路

图 4-3-39 【类选择】对话框

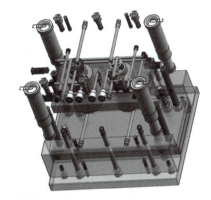

图 4-3-40 选中多余的小密封圈

(6) 按 Ctrl+B 快捷键与 Ctrl+Shift+B 快捷键将 2 个后模型芯单独显示,选择【插入】→【曲线】→【基本曲线】命令,系统弹出【基本曲线】对话框,如图 4-3-41 所示。单击直线按钮,在【点方法】下拉列表框中选择象限点命令,然后在模型中创建 2 个象限点直线,如图 4-3-42 所示。

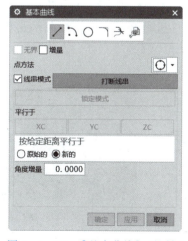

图 4-3-41 【基本曲线】对话框

图 4-3-42 后模型芯隔水片截面线

(7) 单击拉伸按钮 ▣，系统弹出【拉伸】对话框，如图 4-3-43 所示。在模型中选中后模创建好的曲线，在【指定矢量】下拉列表框中选择 ZC 命令，在【结束】下拉列表框中选择【值】命令，将其【距离】设置为 100 mm，在【偏置】选项组的【偏置】下拉列表框中选择【两侧】命令，将【开始】设置为 -0.6 mm，【结束】设置为 0.6 mm，最后单击【确定】按钮，系统会生成隔水片，如图 4-3-44 所示。另一个后模型芯的隔水片也用相同的方法创建。

图 4-3-43 【拉伸】对话框

图 4-3-44 创建好的隔水片

(8) 选择【益模模具设计大师】→【腔体工具】命令，系统弹出图 4-3-45 所示的【EMoldDM 腔体工具】对话框。在模型中将目标体设置为 A 板和垫板，将工具体设置为前后模型芯进出水组件，在对话框的【工具体选择】选项组中选择【组件】命令，单击【确定】按钮，系统会用创建好的进出水路对相关零件进行开腔。后模型芯水路和冷却系统设计完成，如图 4-3-46 所示。

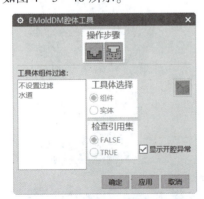
图 4-3-45 【EMoldDM 腔体工具】对话框

图 4-3-46 开腔完成的冷却系统

任务四　浇注系统设计

一、浇注系统标准件调用

（1）选择【益模模具设计大师】→【结构设计】→【标准件库】命令，系统弹出【标准件库】对话框，如图4-4-1所示。在【目录】下拉列表框中选择【标准配件库】命令，在下方列表中选择【定位环】命令，在右边的图片中选择第1种LS命令，在【参数设置】选项卡的【规格类型】下拉列表框中选择【LS-100-15】命令，将FH设置为25，其他参数默认，单击【应用】按钮，系统会生成定位环并且自动定位到面板的XY方向中心，同时，定位环会往面板顶面下沉5 mm。然后在对话框中单击开腔按钮，系统会用定位环的假体对相关零件开腔，如图4-4-2所示。

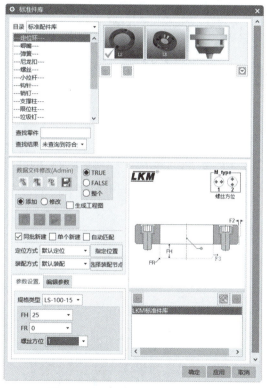

图4-4-1　【标准件库】对话框

图4-4-2　开腔完成的定位环

（2）选择【益模模具设计大师】→【结构设计】→【标准件库】命令，系统弹出【标准件库】对话框，如图4-4-3所示。在【目录】下拉列表框中选择【标准配件库】命令，在下方列表中选择【唧嘴】命令，在右边的图片中选择唧嘴命令，然后选中【添加】单选按钮，再在【参数设置】选项卡的【规格类型】下拉列表框中选择【直径16】命令，将【流道角度】设置为2，【唧嘴长度】设置为110.5，其他的值默认，最后单击【应用】按钮，系统会根据设置的参数自动生成唧嘴，如图4-4-4所示。

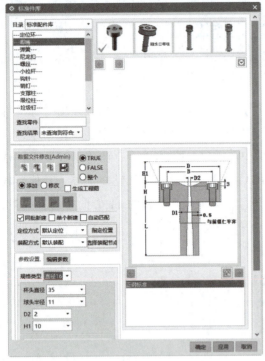

图4-4-3 【标准件库】对话框

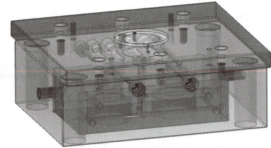

图4-4-4 生成的唧嘴

二、流道浇口设计

（1）选择【插入】→【曲线】→【基本曲线】命令，系统弹出图4-4-5所示的【基本曲线】对话框，用基准曲线在模型中画一条截面曲线，如图4-4-6所示。

图4-4-5 【基本曲线】对话框

图4-4-6 创建完成的截面曲线

（2）单击拉伸按钮，系统弹出【拉伸】对话框，如图4-4-7所示。在模型中选中前模创建好的曲线，在【指定矢量】下拉列表框中选择ZC命令，在【结束】下拉列表框中选择【值】命令，将其【距离】设置为 8 mm，在【偏置】选项组的【偏置】下拉列表框中选择【两侧】命令，将【开始】设置为 -4 mm，将【结束】设置为 4 mm，在【拔模】选项组的【拔模】下拉列表框中选择【从起始限制】命令，将【角度】设置为 5 deg，最后单击【确定】按钮，系统会生成流道的减腔体，如图 4-4-8 所示。

图 4-4-7 【拉伸】对话框　　　　　图 4-4-8 流道的减腔体

（3）选择【插入】→【偏置/缩放】→【偏置面】命令，系统弹出图 4-4-9 所示的【偏置面】对话框。在模型中选中刚拉伸的梯形面，将【偏置】设置为 -1.5 mm，单击【确定】按钮，系统会将梯形流道减短，如图 4-4-10 所示。

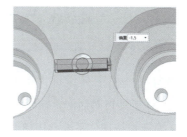

图 4-4-9 【偏置面】对话框　　　　　图 4-4-10 梯形流道减短

（4）选择【插入】→【细节特征】→【边倒圆】命令，系统弹出图 4-4-11 所示的【边倒圆】对话框。将【半径1】设置为 3 mm，在模型中选中要倒圆角的边，完成后单击【确定】按钮，系统会生成倒圆角，如图 4-4-12 所示。

图4-4-11 【边倒圆】对话框

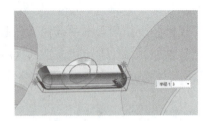

图4-4-12 流道倒圆角

（5）选择【应用模块】→【管线布置】→【管道和布管】 命令，系统弹出图4-4-13所示的【管道】对话框。将【外径】设置为6 mm，完成后单击【确定】按钮，完成创建浇口减腔体，如图4-4-14所示。

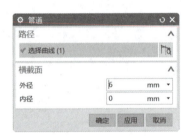

图4-4-13 【管道】对话框

图4-4-14 创建浇口减腔体

（6）选择【插入】→【偏置/缩放】→【偏置面】 命令，系统弹出图4-4-15所示的【偏置面】对话框。在模型中选中刚拉伸的梯形流道面，将【偏置】设置为3 mm，单击【确定】按钮，系统会将圆柱体加长，如图4-4-16所示。

图4-4-15 【偏置面】对话框

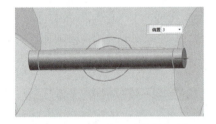

图4-4-16 浇口减腔体加长

（7）选择【益模模具设计大师】→【腔体工具】命令，系统弹出图4-4-17所示的【EMoldDM腔体工具】对话框。在模型中将唧嘴和前模仁选为目标体，将梯形流道选为工具体，单击【确定】按钮，系统会用梯形流道对唧嘴和前模仁进行开腔，如图4-4-18所示。

（8）选择【益模模具设计大师】→【结构设计】→【标准件库】命令，系统弹出【标准件库】对话框，如图4-4-19所示。在模型中选中唧嘴，在对话框中单击开腔按钮 ，系统弹出【确认】对话框，然后单击【确定】按钮，系统会用唧嘴对A板和前模仁进行开腔，如图4-4-20所示。

图4-4-17 【EMoldDM腔体工具】对话框

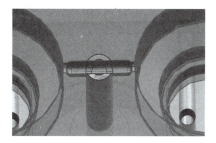
图4-4-18 开腔完成的梯形流道

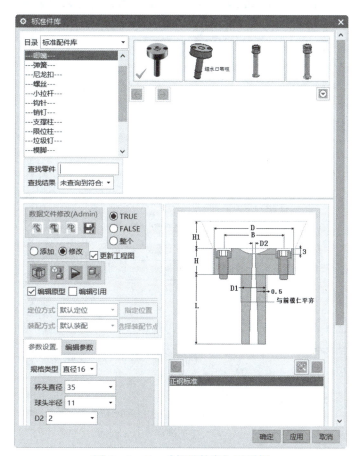
图4-4-19 【标准件库】对话框

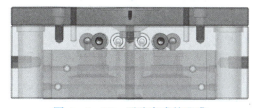
图4-4-20 开腔完成的唧嘴

三、钩针设计

(1) 选择【益模模具设计大师】→【结构设计】→【标准件库】命令,系统弹出【标准件库】对话框,如图4-4-21所示。在【目录】下拉列表框中选择【标准配件库】命令,在下方列表中选择【钩针】命令,在右边图片中选择对应的命令,在【参数设置】选项卡将D设置为8,将L设置为85.00。然后单击【指定位置】按钮,弹出对话框后在模型中选中B板的底面,单击【确定】按钮,系统弹出【点】对话框,将点设置成坐标原点,系统会返回【标准件库】对话框,然后单击【确定】按钮,系统会在模型中生成对应的钩针,如图4-4-22所示。

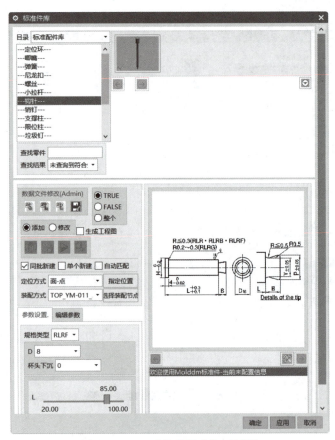

图4-4-21 【标准件库】对话框

图4-4-22 生成的钩针

(2) 选择【益模模具设计大师】→【腔体工具】命令，系统弹出图 4-4-23 所示的【EMoldDM 腔体工具】对话框。在模型中将 B 板和推板选为目标体，将钩针选为工具体，最后单击【确定】按钮，系统会用钩针对 B 板和推板进行开腔，如图 4-4-24 所示。

图 4-4-23 【EMoldDM 腔体工具】对话框

图 4-4-24 开腔完成的钩针

任务五 辅助零件设计

一、螺钉的调用

选择【益模模具设计大师】→【结构设计】→【螺钉设计】命令，系统弹出【螺钉设计】对话框，如图 4-5-1 所示。在【规格】下拉列表框中选择 M10 命令，在【定位方式】下拉列表框中选择 A 命令，单击选择起始面按钮 ，在模型选中 A 板反面，然后单击布点按钮 ，进入布点界面，按操作步骤先选择定位平面，如图 4-5-2 所示，然后选择定位坐标系，如图 4-5-3 所示。按 S 键切换成四角镜像，按 Q 键将步距改为整数，在模型中布点，单击【取消】按钮，系统返回【螺钉设计】对话框，单击【应用】按钮，系统会生成螺钉。在【螺钉设计】对话框中选择【编辑】单选按钮，单击开腔按钮 ，系统会用螺钉对相关零件进行开腔，如图 4-5-4 所示。

二、回针弹簧的调用

选择【益模模具设计大师】→【结构设计】→【标准件库】命令，系统弹出【标准件库】对话框，如图 4-5-5 所示。在【目录】下拉列表框中选择【标准配件库】命令，在下方列表中选择【弹簧】命令，在右边图片中选择【蓝弹簧组合】命令，将滚动条滑到最下面，将顶出距离参数 EJ_dist 设置为 35.00，然后单击【应用】按钮，系统会在回针处生成回针弹簧。单击开腔按钮 ，系统会用回针弹簧对 B 板进行开腔，如图 4-5-6 所示。

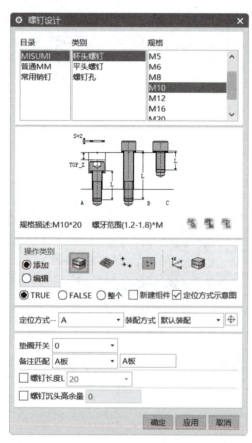

图4-5-1 【螺钉设计】对话框

图4-5-2 选择螺钉定位平面

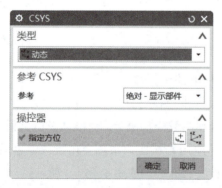

图4-5-3 选择定位坐标系

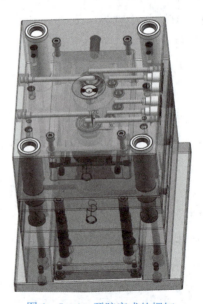

图4-5-4 开腔完成的螺钉

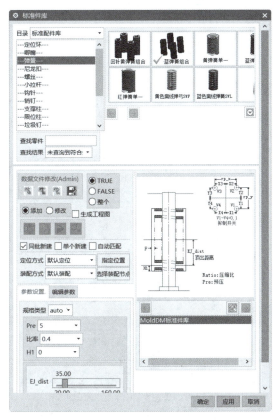

图 4-5-5 【标准件库】对话框

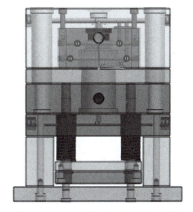

图 4-5-6 开腔完成的回针弹簧

三、支撑柱的调用

选择【益模模具设计大师】→【结构设计】→【标准件库】命令，系统弹出【标准件库】对话框，如图 4-5-7 所示。在【目录】下拉列表框中选择【标准配件库】命令，在下方列表中选择【支撑柱】命令，在【参数设置】选项卡的【规格类型】下拉列表框中选择 35 命令，单击【指定位置】按钮，系统会弹出布点界面。按 S 键将布点切换成以 XC-ZC 平面镜像，按 Q 键将移动步距改为整数，然后单击【取消】按钮，系统返回【标准件库】对话框，再单击【应用】按钮，系统会在布点位置生成 4 个支撑柱。最后单击开腔按钮 ，系统会用支撑柱的减腔体对相关零件进行开腔，如图 4-5-8 所示。

四、限位柱的调用

选择【益模模具设计大师】→【结构设计】→【标准件库】命令，系统弹出【标准件库】对话框，如图 4-5-9 所示。在【目录】下拉列表框中选择【标准配件库】命令，在下方列表中选择【限位柱】命令，在【参数设置】选项卡的【规格类型】下拉列表框中选择 φ25 命令，将高度 H 设置为 15.00，单击【指定位置】按钮，系统会弹出布点界面。按 S 键将布点切换成四角镜像，按 Q 键将移动步距改为整数，然后单击【取消】按钮，系统返回【标准件库】对话框，再单击【应用】按钮，系统会在布点位置生成 4 个限位柱。最后单击开腔按钮，系统会用限位柱的螺钉对顶针面板进行开腔，如图 4-5-10 所示。

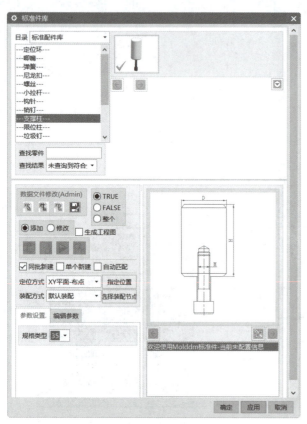

图4-5-7 【标准件库】对话框

图4-5-8 开腔完成的支撑柱

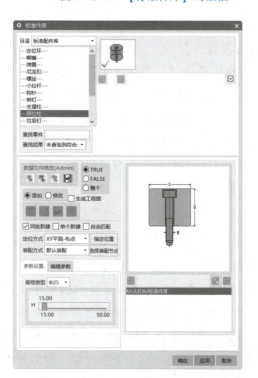

图4-5-9 【标准件库】对话框

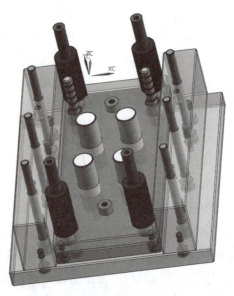

图4-5-10 开腔完成的限位柱

项目四 异径套模具设计（推板顶出）

五、垃圾钉的调用

选择【益模模具设计大师】→【结构设计】→【标准件库】命令，系统弹出【标准件库】对话框，如图4-5-11所示。在【目录】下拉列表框中选择【标准配件库】命令，在下方列表中选择【垃圾钉】命令，在右边图片中选择第1种垃圾钉命令，在【参数设置】选项卡的【规格类型】下拉列表框中选择25命令，单击【指定位置】按钮，系统会弹出布点界面。按S键将布点切换成四角平面镜像，按Q键将移动步距改为整数，单击【取消】按钮，系统返回【标准件库】对话框，然后单击【应用】按钮，系统会在布点位置生成垃圾钉。最后单击开腔按钮 ，系统会用垃圾钉对相关零件进行开腔，如图4-5-12所示。

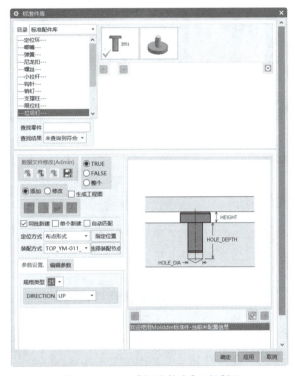

图4-5-11 【标准件库】对话框

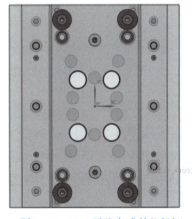

图4-5-12 开腔完成的垃圾钉

六、撬模槽的设计

选择【益模模具设计大师】→【结构设计】→【标准件库】命令，系统弹出【标准件库】对话框，如图4-5-13所示。在【目录】下拉列表框中选择【标准配件库】命令，在下方列表中选择【撬模槽】命令，在【参数设置】选项卡的【规格类型】下拉列表框中选择【30×30×5】命令，在【定位方式】下拉列表框中选择【面-点】命令，然后单击【指定位置】按钮，在弹出的对话框中选中A板的顶面，系统会自动弹出【点】对话框。将点设置为坐标原点，X、Y、Z设置为0，然后单击【取消】按钮，系统返回【标准件库】对话框，再单击【应用】按钮，系统会在布点位置生成撬模槽，最后单击开腔按钮 ，系统会用撬模槽对A板进行开腔，如图4-5-14所示。

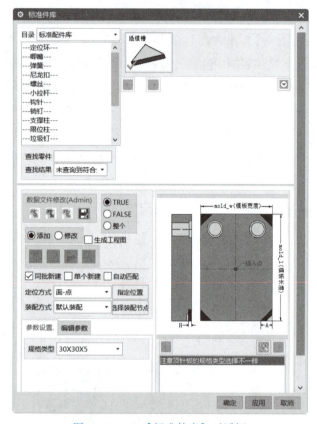

图 4-5-13 【标准件库】对话框

图 4-5-14 开腔完成的撬模槽

七、顶出孔的设计

（1）选择【插入】→【曲线】→【基本曲线】命令，系统弹出图 4-5-15 所示的【基本曲线】对话框。按照图 4-5-15 所示进行设置，然后选中定位环的圆心往 Z 轴方向画一条直线，再选择【应用模块】→【管线布置】→【管道和布管】命令，系统弹出图 4-5-16 所示的【管道】对话框。选取画好的直线，将【外径】设置为 40 mm，单击【确定】按钮，系统会生成图 4-5-17 所示的圆柱体。

（2）双击底板将底板设置成工作部件，单击求差按钮，系统弹出图 4-5-18 所示的【求差】对话框。将【目标】选择为底板，将【工具】选择为圆柱体，单击【确定】按钮，再选择【主页】→【特征】→【倒斜角】命令，系统弹出图 4-5-19 所示的【倒斜角】对话框。在图形中选中孔的边，然后按照图 4-5-19 所示进行设置，单击【确定】按钮，完成顶出孔的设计，如图 4-5-20 所示。

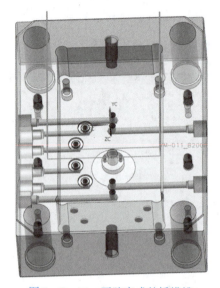

图 4-5-15 【基本曲线】对话框

图 4-5-16 【管道】对话框

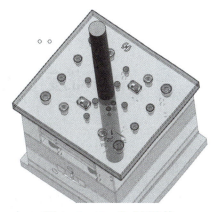

图 4-5-17 生成圆柱体

图 4-5-18 【求差】对话框

图 4-5-19 【倒斜角】对话框

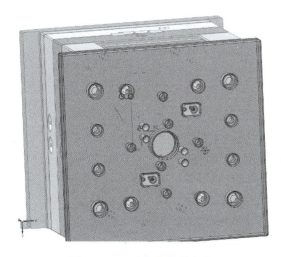

图 4-5-20 生成的顶出孔

项目五 中等难度电池盒模具设计（含滑块斜顶抽芯）

设计思路分析

本产品模具设计思路为，调用产品—模具分型—模具成型零件设计—调用模架—浇注系统设计—滑块设计—斜顶设计—顶出系统设计—冷却系统设计—辅助零件设计。

根据产品判断此模具分型面在产品的底部且为平面，模架为 CI 模架，浇注系统根据模具开模说明书中的描述为大水口侧进胶、有滑块斜顶。

任务一　模具成型零件设计

一、模具分型

（1）将从客户处拿来的产品图放到一个文件夹中。

（2）打开 UGNX10.0 软件，将简单电池盒产品图打开，操作步骤如下。

单击【文件】菜单，选择【打开】命令，系统弹出【打开】对话框，选取要打开的文件，单击 OK 按钮，完成产品图的打开，如图 5－1－1、图 5－1－2 所示。

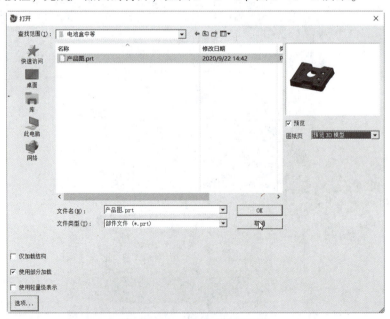

图 5－1－1　【打开】对话框

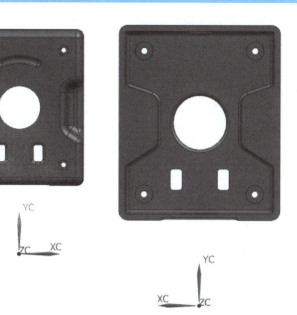

图 5-1-2 坐标系未设置好的产品图

（3）按 Ctrl+T 快捷键，系统弹出【移动对象】对话框，如图 5-1-3 所示。按照操作步骤先选择图档中的模型，在【运动】下拉列表框中选择【角度】命令，在【指定矢量】下拉列表框中选择 ZC 命令，在【指定轴点】下拉列表框中选择绝对坐标原点 命令，将【角度】设置为 90 deg，在【结果】选项区域选择【移动原先的】单选按钮，最后单击【确定】按钮，系统会在图形中将模型旋转 90°，如图 5-1-4 所示。

图 5-1-3 【移动对象】对话框

图 5-1-4 产品旋转

（4）选择【益模模具设计大师】→【项目初始化】命令，系统弹出【项目初始化】对话框，如图 5-1-5 所示。按照对话框中的内容填写相关信息，完成后单击【确定】按钮，系统会提示项目初始化成功。

注意：勾选【生成装配树架构】命令，系统会自动生成标准的装配节点，后期调用的滑块、斜顶，以及标准件都会装配到对应的节点里，如图5-1-6所示。

图5-1-5 【项目初始化】对话框

图5-1-6 【装配导航器】对话框

（5）选择【益模模具设计大师】→【产品收缩率设置】命令，系统弹出【产品缩水，产品中心设置】对话框，如图5-1-7所示。选中【产品中心设置】标签，双击产品列表中的产品名，然后单击设置中心按钮▦，产品就会移动到几何中心，如图5-1-8所示。

图5-1-7 【产品缩水，产品中心设置】对话框

图5-1-8 设置好中心的产品

（6）选择【益模模具设计大师】→【产品收缩率设置】命令，系统弹出【产品缩水，产品中心设置】对话框，然后选中【产品放缩水】标签，如图5-1-9所示。根据操作步骤，先确定【产品材质】是否为ABS，然后在【缩水类型】下拉列表框中选择【指定点】命令，【缩水率】取系统默认值。单击选择产品按钮▦，选择图形中的产品，然后单击指定点按钮

，系统弹出【点】对话框，将点的绝对坐标 X、Y、Z 的值都设置为 0。再单击放缩水按钮，系统会提示放缩水成功，产品列表中产品对应的【设置中心】和【设置缩水】会打钩，如图 5-1-10 所示。

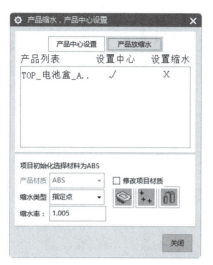

图 5-1-9 【产品缩水，产品中心设置】对话框

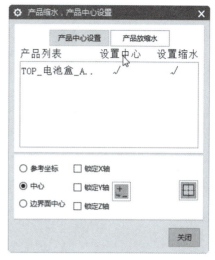

图 5-1-10 设置中心及设置放缩水成功

（7）选择【益模模具设计大师】→【模具分型】→【模具分型工具】命令，系统弹出【分型向导】对话框，如图 5-1-11 所示。

图 5-1-11 【分型向导】对话框

（8）单击产品分型按钮，系统弹出图 5-1-12 所示的【产品分析】对话框。首先设置【拔模方向】为 Z 轴，然后单击对话框中的【执行面分析】按钮，系统会将前模产品面和后模产品面以不同的颜色表现出来，再选中【自定义区域】选项组中的【型芯区域】单选按钮，在图形中选中青色的面，最后单击【应用】按钮。在【区域过滤】下拉列表框中选择【全部】命令，在模型中将孔中的侧面选中，然后单击【确定】按钮，产品完成执行面分析，如图 5-1-13 所示。

（9）在【分型向导】对话框中单击区域析出按钮，系统弹出图 5-1-14 所示的【创建区域片体】对话框。首先设置区域的放置层，然后勾选【析出型芯区域片体】【析出型腔区域片体】【析出创建分型线】复选框，最后单击【确定】按钮，系统完成区域析出。

图 5-1-12 【产品分析】对话框

图 5-1-13 执行面分析完成的产品

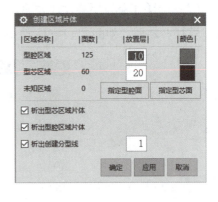

图 5-1-14 【创建区域片体】对话框

（10）在【分型向导】对话框中单击补孔按钮，系统弹出图 5-1-15 所示的【补孔】对话框。选中【自动补孔】选项卡中的【自动修补】单选按钮，然后单击【确定】按钮，系统自动完成补孔，如图 5-1-16 所示。

（11）在【分型向导】对话框中单击引导线按钮，系统弹出图 5-1-17 所示的【创建引导线】对话框。首先在【长度】文本框中输入 100.000 0，然后选中【分型线端点】单选按钮，在图形中选中要创建引导线的点，最后单击【确定】按钮，引导线创建成功，如图 5-1-18 所示。

（12）在【分型向导】对话框中单击分型面按钮，系统弹出图 5-1-19 所示的【创建分型面】对话框。选中【分段拉伸】单选按钮，然后在【拉伸长度】文本框中输入 400.000 0，最后单击【确定】按钮，系统完成分型面的创建，如图 5-1-20 所示。

项目五 中等难度电池盒模具设计（含滑块斜顶抽芯）

图 5-1-15 【补孔】对话框

图 5-1-16 补孔完成的模型

图 5-1-17 【创建引导线】对话框

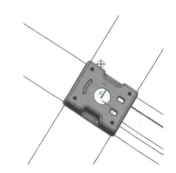

图 5-1-18 创建完成的引导线

图 5-1-19 【创建分型面】对话框

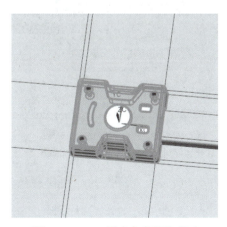

图 5-1-20 创建完成的分型面

125

二、创建工件

(1) 在【分型向导】对话框中单击工件按钮，系统弹出图 5-1-21 所示的【创建工件】对话框。首先将 X、Y、Z 按照图 5-1-21 中的值进行设置，然后将 +Z、-Z 也按该图进行设置（每设置一个数值要按回车键确定），最后单击【确定】按钮，工件创建完成，如图 5-1-22 所示。

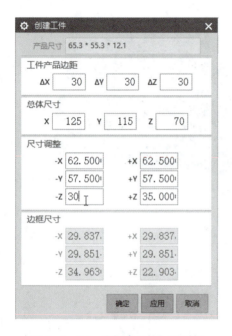

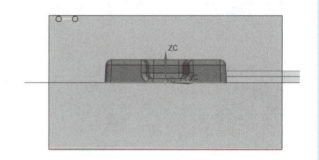

图 5-1-21 【创建工件】对话框

图 5-1-22 创建完成的工件

(2) 在【分型向导】对话框中单击分型按钮，系统弹出图 5-1-23 所示的【分型】对话框。选中【自动创建】单选按钮，最后单击【确定】按钮，系统完成分型，如图 5-1-24 所示。

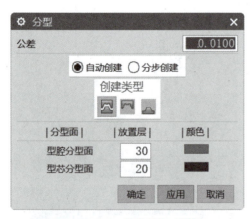

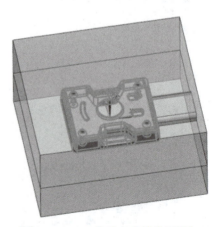

图 5-1-23 【分型】对话框

图 5-1-24 分型完成的前后模仁

三、创建虎口及小镶件

（1）选择【益模模具设计大师】→【模具分型】→【虎口】命令，系统弹出图 5-1-25 所示的【虎口设计】对话框。首先在【生成虎口类型】下拉列表框中选择【四角生成-4】命令，然后选择【虎口方向】选项组中的【Z 正方向】单选按钮，在【虎口外形】选项组中设定虎口的大小。最后在图形中选中前后模仁，单击【确定】按钮，系统会自动生成虎口，如图 5-1-26 所示。

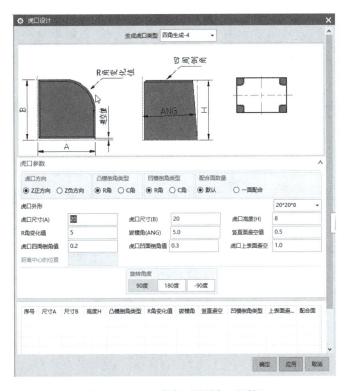

图 5-1-25 【虎口设计】对话框

（2）选择【益模模具设计大师】→【模具分型】→【镶件设计】命令，系统弹出图 5-1-27 所示的【镶件设计】对话框。首先在模型中选中模仁，然后在【镶件类型】下拉列表框中选择【圆形镶件】命令，接下来在【镶针生成方式】下拉列表框中选择【选择边】命令，再在图形里选择作为镶件的边，并将图形中的模型拉到将整个镶件包含的位置，如图 5-1-28 所示。勾选【镶件自动开腔】命令，最后单击【确定】按钮，完成镶件设计。其他 3 个需要做镶件的位置采用同样的方法进行设计。

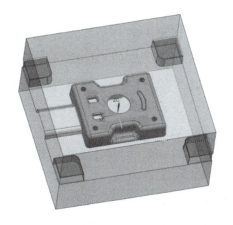

图 5-1-26 生成的虎口

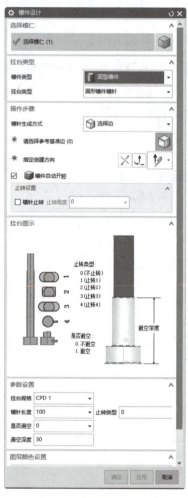

图 5-1-27 【镶件设计】对话框

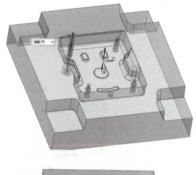
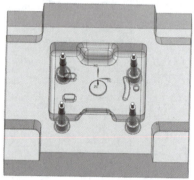

图 5-1-28 镶件拉到图形位置

任务二 调用模架

一、创建模架

(1) 选择【益模模具设计大师】→【模仁信息填写】命令,系统弹出【模仁信息】对话框,如图 5-2-1 所示。根据【操作步骤】选择对应的上模仁、下模仁,然后上下模仁的相关尺寸会录入系统,如图 5-2-2 所示。

(2) 选择【益模模具设计大师】→【模架设计】命令,系统弹出【模架设计】对话框,如图 5-2-3 所示。在【分类】下拉列表框中选择【LKM_大水口】命令,在【类型】下拉列表框中选择 C 命令,系统会默认模架的规格及 A/B 板的尺寸,根据图 5-2-3 所示在【参数设置】选项卡中设置各个参数的值。完成后单击【应用】按钮,系统会根据设置好的参数生成相关模架。按 Ctrl+L 快捷键,系统弹出【图层设置】对话框,取消勾选 250 层以后的层,如图 5-2-4 所示。

图 5-2-1 【模仁信息】对话框　　　　图 5-2-2 模仁信息已录入系统

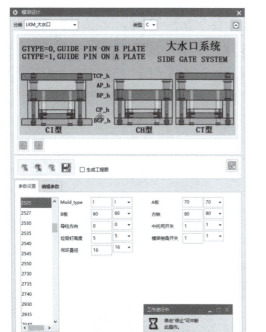

图 5-2-3 【模架设计】对话框　　　　图 5-2-4 【图层设置】对话框

（3）系统调出模架之后，如果检查发现模架的规格不合适，那么就要重新进入【模架设计】对话框，如图 5-2-5 所示。将【A 板】的值改为 70，将【B 板】的值改为 80，然后单击【应用】按钮，系统会按照更改后的参数重新生成模架，如图 5-2-6 所示。这时系统调出的模架只是一块一块的光板，后续还需要用模架的标准件对模架进行开腔。

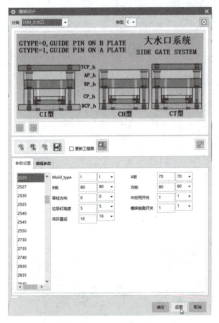

图5-2-5 【模架设计】对话框

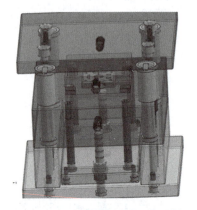

图5-2-6 系统重新生成的模架

二、模架开腔及开框

（1）选择【益模模具设计大师】→【结构设计】→【标准件库】命令，系统弹出【标准件库】对话框，如图5-2-7所示。首先选中【修改】单选按钮，然后单击开腔按钮，系统弹出【确认】对话框，最后单击【确定】按钮，系统会用模架的标准件对模架进行开腔，如图5-2-8所示。

图5-2-7 【标准件库】对话框

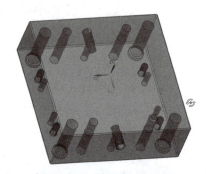

图5-2-8 模架开腔完成

（2）选择【益模模具设计大师】→【模架设计】→【模架开框】命令，系统弹出【模架开框】对话框，如图 5-2-9 所示。在【开模类型】下拉列表框中选择【前模-清角类型】命令，选中【生成】单选按钮，在模型里先选择 A 板，然后选中前模仁，单击【应用】按钮，系统会用前模仁对 A 板进行开框。然后在【开模类型】下拉列表框中选择【后模-清角类型】命令，再按照前面的操作步骤用后模仁对 A 板进行开框，完成模架开框，如图 5-2-10 所示。

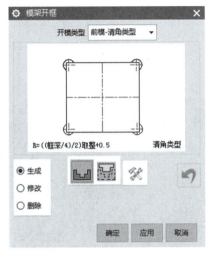

图 5-2-9 【模架开框】对话框

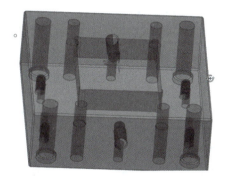

图 5-2-10 模架开框完成

任务三 浇注系统设计

一、调用定位环

选择【益模模具设计大师】→【结构设计】→【标准件库】命令，系统弹出【标准件库】对话框，如图 5-3-1 所示。在【目录】下拉列表框中选择【标准配件库】命令，在下方列表中选择【定位环】命令，在右边图片中选择 LS 命令，然后选中【添加】单选按钮，再在【参数设置】选项卡的【规格类型】下拉列表框中选择【LS-100-15】命令，根据面板的厚度和将要选用浇口套类型将 FH 设置为 20，最后单击【应用】按钮。系统会在面板 X 轴、Y 轴方向的中心生成定位环，Z 轴方向下沉 5 mm，同时系统会自动将单选按钮【添加】切换到【修改】。单击开腔按钮，系统会用定位环对面板进行开腔，如图 5-3-2 所示。

二、调用浇口套

（1）选择【益模模具设计大师】→【结构设计】→【标准件库】命令，系统弹出【标准件库】对话框，如图 5-3-3 所示。在【目录】下拉列表框中选择【标准配件库】命令，在下方列表中选择【唧嘴】命令，在右边图片中选择唧嘴命令，然后选中【添加】单选按钮，再在【参数设置】选项卡【规格类型】下拉列表框中选择【直径 10】命令，其他值保持默认，完成后单击【应用】按钮。系统会根据设置的参数自动生成唧嘴，如图 5-3-4 所示。

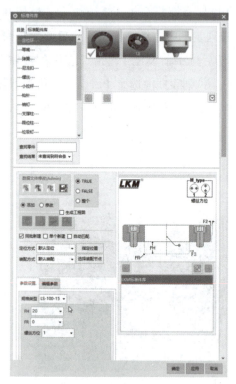
图 5-3-1 【标准件库】对话框

图 5-3-2 开腔完成的定位环

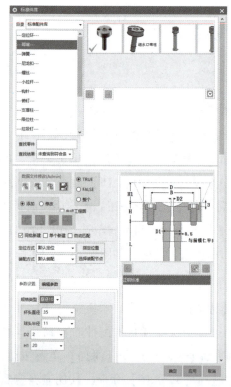
图 5-3-3 【标准件库】对话框

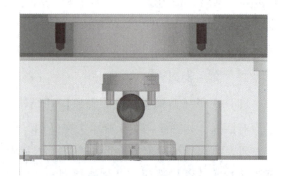
图 5-3-4 生成的唧嘴

（2）通过观察发现，系统生成的唧嘴顶面沉在 A 板下面，这时需要让唧嘴顶面与 A 板平齐。系统生成唧嘴后会自动将单选按钮【添加】切换到【修改】，如图 5-3-5 所示。在【参数设置】选项卡中将 H1 设置为 0，最后单击【应用】按钮，系统会自动将唧嘴顶面移动到与 A 板平齐的位置，如图 5-3-6 所示。

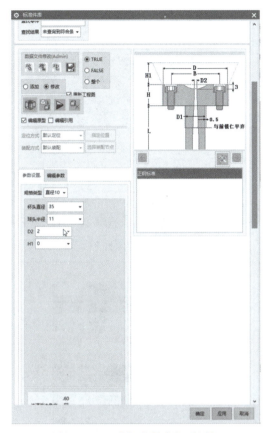

图 5-3-5 【标准件库】对话框

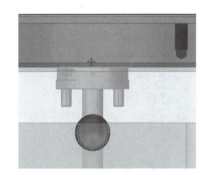

图 5-3-6 唧嘴移动后的位置

（3）选择【分析】→【测量距离】命令，系统弹出【测量距离】对话框，如图 5-3-7 所示。测量产品放置唧嘴的面到碰穿面的距离，然后记住此数值，如图 5-3-8 所示，最后单击【取消】按钮。

（4）再次选择【益模模具设计大师】→【标准件库】命令，在弹出的【标准件库】对话框中选中唧嘴，系统会自动切换到【添加】单选按钮，如图 5-3-9 所示。将 L 的值设置为 50.000 0＋8.44，然后单击【确定】按钮，唧嘴的长度即更改成符合要求的长度，如图 5-3-10 所示。

（5）再次选择【益模模具设计大师】→【标准件库】命令，在弹出的【标准件库】对话框中选中唧嘴，系统会自动切换到【修改】单选按钮，如图 5-3-11 所示。将【流道单边角度】的值设置为 1.60，然后单击【应用】按钮，唧嘴到主流道的长度就符合要求。然后单击【开腔】按钮，系统会用唧嘴对相关零件进行开腔，如图 5-3-12 所示。

图5-3-7 【测量距离】对话框

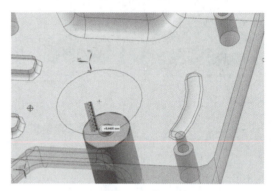

图5-3-8 测量唧嘴放置面到碰穿面的距离

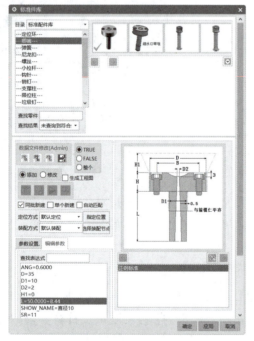

图5-3-9 【标准件库】对话框

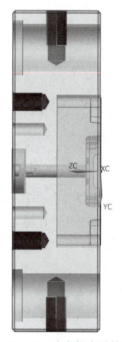

图5-3-10 改变长度后的唧嘴

三、创建分流道

（1）按Ctrl+B快捷键，系统弹出【类选择】对话框，如图5-3-13所示。将A板和前模仁隐藏，然后按Ctrl+Shift+B快捷键反隐藏，再按Ctrl+B快捷键将A板隐藏，就可以单独显示前模仁，如图5-3-14所示。

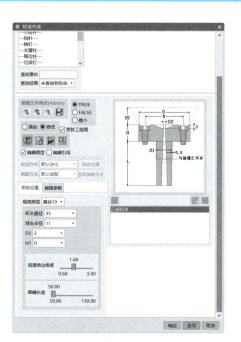

图 5-3-11 【标准件库】对话框

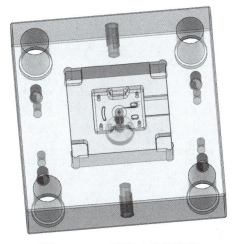

图 5-3-12 开腔完成的唧嘴

图 5-3-13 【类选择】对话框

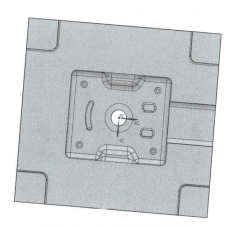

图 5-3-14 单独显示前模仁

(2) 选择【插入】→【曲线】→【基本曲线】命令,系统弹出图 5-3-15 所示的【基本曲线】对话框。用基准曲线在模型中画一条截面曲线,如图 5-3-16 所示。

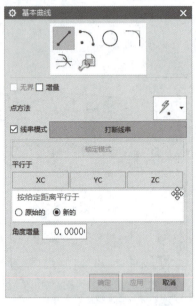
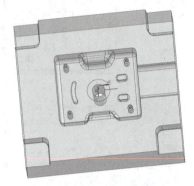

图 5-3-15 【基本曲线】对话框　　　　　图 5-3-16 画截面曲线

(3) 选择【应用模块】→【管线布置】→【管道和布管】命令，系统弹出图 5-3-17 所示的【管道】对话框。将【外径】设置为 5 mm，完成后单击【确定】按钮。创建完成的圆柱如图 5-3-18 所示。

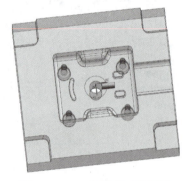

图 5-3-17 【管道】对话框　　　　　图 5-3-18 创建完成的圆柱

(4) 选择【插入】→【偏置/缩放】→【偏置面】命令，系统弹出图 5-3-19 所示的【偏置面】对话框。将创建好的管道向唧嘴孔内偏置 3 mm，单击【应用】按钮，系统将流道向唧嘴孔内加长 3 mm，如图 5-3-20 所示。选择【分析】→【测量距离】命令，检查流道的顶面到产品的距离是否为 1.5~2 mm，如果不是再用【偏置面】功能继续偏置。

(5) 选择【插入】→【细节特征】→【边倒圆】命令，系统弹出图 5-3-21 所示的【边倒圆】对话框。将【半径 1】设置为 2.5 mm，在图形中选中要倒圆角的边，然后单击【确定】按钮，系统会生成倒圆角，如图 5-3-22 所示。

图 5-3-19 【偏置面】对话框

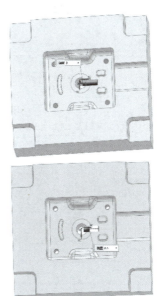

图 5-3-20 偏置完成的流道

图 5-3-21 【边倒圆】对话框

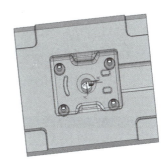

图 5-3-22 创建完成的流道倒圆角

四、创建浇口

（1）单击拉伸按钮，系统弹出【拉伸】对话框，如图 5-3-23 所示。在模型中选中前模创建好的曲线，按图 5-3-23 设置拉伸参数，单击【确定】按钮，系统会拉伸一个长方块，如图 5-3-24 所示。

（2）选择【插入】→【细节特征】→【拔模】命令，系统弹出图 5-3-25 所示的【拔模】对话框。在图形中选中拔模的边，将【角度】设置为 -10 deg，最后单击【确定】按钮，创建完成的浇口如图 5-3-26 所示。

（3）单击拉伸按钮，系统弹出【拉伸】对话框，如图 5-3-27 所示。在模型中选择前模创建好的曲线，按图 5-3-27 设置拉伸参数，单击【确定】按钮，系统会拉伸一个圆柱体，如图 5-3-28 所示。

图 5-3-23 【拉伸】对话框

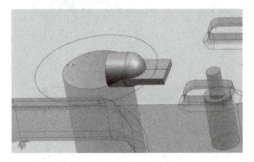

图 5-3-24 拉伸的长方块

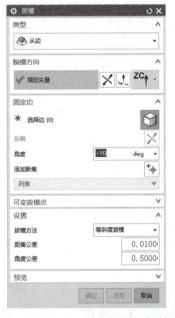

图 5-3-25 【拔模】对话框

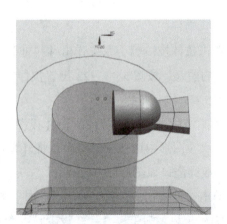

图 5-3-26 创建完成的浇口

图 5-3-27 【拉伸】对话框

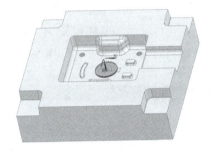

图 5-3-28 拉伸的圆柱体

(4) 选择【插入】→【同步建模】→【替换面】命令，系统弹出图 5-3-29 所示的【替换面】对话框。将【要替换的面】设置为浇口的顶面，将【替换面】设置为圆柱面，系统会创建图 5-3-30 所示的浇口减腔体。

图 5-3-29 【替换面】对话框

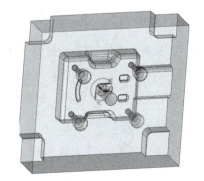

图 5-3-30 替换完成的浇口减腔体

(5) 选择【插入】→【偏置/缩放】→【偏置面】命令，系统弹出图 5-3-31 所示的【偏置面】对话框。将浇口圆弧面向外偏置 0.5 mm，如图 5-3-32 所示。

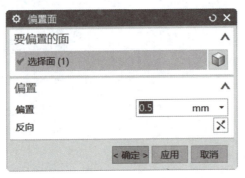

图5-3-31　【偏置面】对话框

图5-3-32　偏置完成的浇口圆弧面

(6) 单击求差按钮，系统弹出图5-3-33所示的【求差】对话框。在图形中将目标体设置为前模仁，将工具体设置为创建好的浇口流道，单击【确定】按钮，系统会用创建好的流道浇口对前模仁求差，如图5-3-34所示。

图5-3-33　【求差】对话框

图5-3-34　流道浇口对前模仁求差

(7) 单击求差按钮，系统弹出图5-3-35所示的【求差】对话框。在图形中将目标体设置为后模仁，将工具体设置为创建好的流道，单击【确定】按钮，系统会用创建好的流道对后模仁求差，如图5-3-36所示。

五、创建冷料穴

(1) 选择【插入】→【曲线】→【基本曲线】命令，系统弹出图5-3-37所示的【基本曲线】对话框。在对话框中单击圆按钮，在【点方法】下拉列表框中选择圆弧中心命令，然后在图5-3-38所示位置画一个8 mm的圆。

图5-3-35 【求差】对话框

图5-3-36 流道对后模仁求差

图5-3-37 【基本曲线】对话框

图5-3-38 画圆

（2）单击拉伸按钮 ，系统弹出图5-3-39所示的【拉伸】对话框。选中创建好的曲线圆，在【指定矢量】下拉列表框中选择ZC命令，在【开始】下拉列表框中选择【值】命令，将其【距离】设置为-6 mm，在【结束】下拉列表框中选择【值】命令，将其【距离】设置为1 mm，最后单击【确定】按钮，系统会生成圆柱体，如图5-3-40所示。

（3）选择【插入】→【同步建模】→【调整面大小】 命令，系统弹出图5-3-41所示的【调整面大小】对话框。在图形中选中圆柱体的面，然后在【大小】选项组将【直径】设置为6 mm，最后单击【应用】按钮，系统会调整圆的大小，如图5-3-42所示。

141

图 5-3-39 【拉伸】对话框

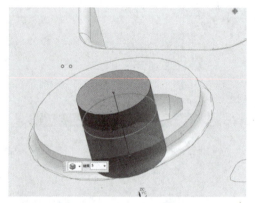

图 5-3-40 生成的圆柱体

图 5-3-41 【调整面大小】对话框

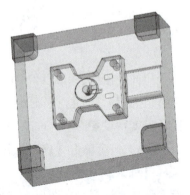

图 5-3-42 调整圆的大小

(4) 选择【插入】→【细节特征】→【拔模】命令，系统弹出图 5-3-43 所示的【拔模】对话框。在图形中选中要拔模的边，按照图 5-3-43 所示设置相关参数，最后单击【确定】按钮，显示结果如图 5-3-44 所示。

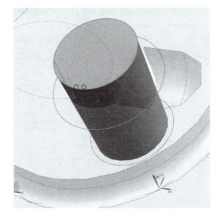

图 5-3-43 【拔模】对话框　　　　图 5-3-44 拔模完成的 B 板流道

(5) 单击求差按钮，系统弹出图 5-3-45 所示的【求差】对话框。将【目标】设置为后模仁，将【工具】设置为冷料穴减腔体，完成后单击【确定】按钮，系统用冷料穴减腔体对后模仁求差，如图 5-3-46 所示。

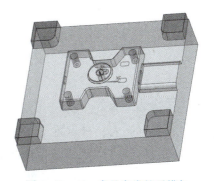

图 5-3-45 【求差】对话框　　　　图 5-3-46 求差完成的后模仁

(6) 选择【益模模具设计大师】→【结构设计】→【顶出系统设计】命令，系统弹出图 5-3-47 所示的【顶出系统设计】对话框。按图 5-3-47 设置相关参数，先选择模仁，然后单击位置点按钮，系统自动弹出【位置点】对话框；在模型中选中冷料穴的圆心，单击【取消】按钮，系统返回【顶出系统设计】对话框；单击【确定】按钮，系统会自动生成顶针；然后选中【后处理】单选按钮，单击自动切头部按钮，系统弹出【修剪提示】对话框；单击【确定】按钮，系统会自动切头部；单击开腔按钮，系统弹出【开腔提示】对话框，单击【确定】按钮，系统会用顶针对模具相关零件进行开腔，如图 5-3-48 所示。

图 5-3-47 【顶出系统设计】对话框

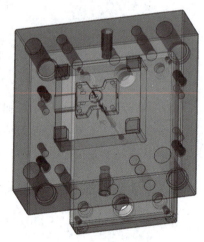

图 5-3-48 开腔完成的顶针

任务四 滑块设计

一、滑块头部设计

(1) 选择【插入】→【偏置/缩放】→【创建方块】命令，系统弹出图 5-4-1 所示的【创建方块】对话框。按步骤选取模型中最大外轮廓的 3 个表面，然后将【设置】选项组中的【间隙】【大小精度】【位置精度】全部设置为 0，单击【确定】按钮，系统创建对应的方块，如图 5-4-2 所示。

图 5-4-1 【创建方块】对话框

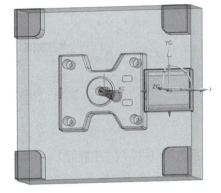

图 5-4-2 在滑块头部创建方块

（2）选择【插入】→【同步建模】→【替换面】 命令，系统弹出图 5-4-3 所示的【替换面】对话框。将【要替换的面】设置为创建方块体的侧面，将【替换面】设置为模仁产品的侧面，单击【确定】按钮完成替换，如图 5-4-4 所示。

图 5-4-3 【替换面】对话框

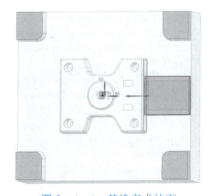

图 5-4-4 替换完成的面

（3）选择【主页】→【特征】→【求交】 命令，系统弹出图 5-4-5 所示的【求交】对话框。在图形中将【目标】设置为前面创建出的方块，将【工具】设置为后模仁，在【设置】选项组勾选【保存工具】复选框，单击【确定】按钮，系统会求交滑块头部，如图 5-4-6 所示。

145

图 5-4-5 【求交】对话框

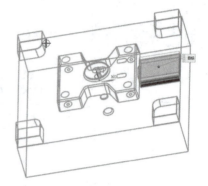

图 5-4-6 滑块头部求交

（4）选择【主页】→【特征】→【求差】 命令，系统弹出图 5-4-7 所示的【求差】对话框。在图形中将【目标】设置为后模仁，将【工具】设置为滑块头部，在【设置】选项组勾选【保存工具】复选框，单击【确定】按钮，系统会用创建的滑块头部对后模仁求差，如图 5-4-8 所示。

图 5-4-7 【求差】对话框

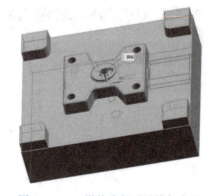

图 5-4-8 滑块头部对后模仁求差

二、滑块座调用

（1）选择【益模模具设计大师】→【结构设计】→【滑块设计】命令，系统弹出图 5-4-9 所示的【滑块设计】对话框。按图 5-4-9 设置相关参数，将【行程】设置为 5，单击选择滑块头按钮 ，在模型中选中滑块头部，如图 5-4-10 所示。然后单击选择抽芯方向按钮 ，系统弹出图 5-4-11 所示的【矢量】对话框。按该图设置抽芯方向，如图 5-4-12 所示，单击【确定】按钮，系统返回【滑块设计】对话框。

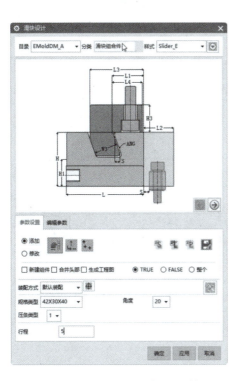

图 5-4-9 【滑块设计】对话框

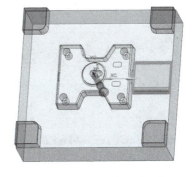

图 5-4-10 选中滑块头部

图 5-4-11 【矢量】对话框

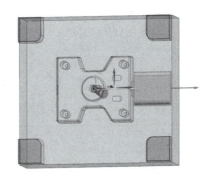

图 5-4-12 设置滑块的抽芯方向

（2）返回【滑块设计】对话框后，单击指定坐标点按钮，系统弹出图 5-4-13 所示的【点】对话框。在图形中选中插入点，如图 5-4-14 所示，单击【确定】按钮，系统返回【滑块设计】对话框，如图 5-4-15 所示。单击【应用】按钮，系统会生成滑块座、压条、方导柱、等相关零件，然后单击开腔按钮，系统会用滑块相关零件对模具相关零件进行开腔，如图 5-4-16 所示。

图5-4-13 【点】对话框

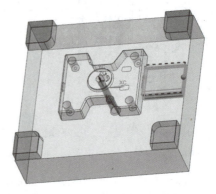

图5-4-14 选中插入点

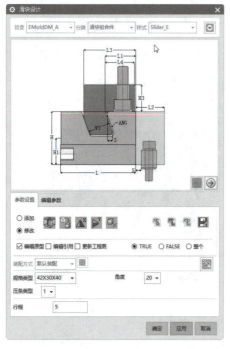

图5-4-15 【滑块设计】对话框

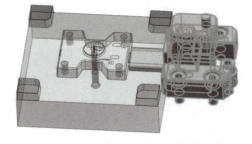

图5-4-16 开腔完成的滑块

(3) 按Ctrl+Shift+B快捷键及Ctrl+B快捷键将A板设置成单独显示。双击A板将A板设置成工作部件,选择【插入】→【同步建模】→【替换面】命令,系统弹出图5-4-17所示的【替换面】对话框。将【要替换的面】设置为开腔处多余的面,再将【替换面】设置为A板的侧面,单击【确定】按钮,系统会将多余的面去掉。用同样的方法将图中其他多余的面去掉,如图5-4-18所示。

图 5-4-17 【替换面】对话框

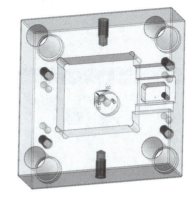

图 5-4-18 去掉多余的面

(4) 按 Ctrl + Shift + B 快捷键及 Ctrl + B 快捷键将 B 板设置成单独显示。双击 B 板将 B 板设置成工作部件，单击替换面按钮，系统弹出图 5-4-19 所示的【替换面】对话框。将【要替换的面】设置为滑块开腔处多余的面，再将【替换面】设置为 B 板的侧面，单击【确定】按钮完成替换。用同样的方法将图中其他多余的部分去掉，如图 5-4-20 所示。

图 5-4-19 【替换面】对话框

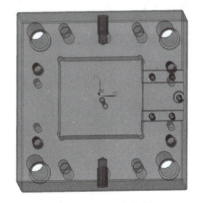

图 5-4-20 去掉多余的面

(5) 选择【益模模具设计大师】→【辅助工具集】→【装配操作】命令，系统弹出图 5-4-21 所示的【装配操作】对话框。单击布尔和按钮，系统弹出图 5-4-22 所示的【布尔和】对话框。将目标体选择为滑块座，将工具体选择为滑块头部，单击【确定】按钮，完成滑块头部的合并，如图 5-4-23 所示。

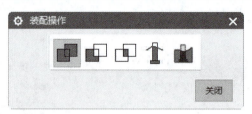

图 5-4-21 【装配操作】对话框

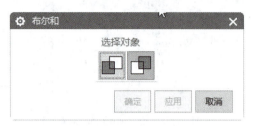

图 5-4-22 【布尔和】对话框

图 5-4-23 合并滑块头部

任务五 斜顶设计

一、斜顶头部设计

(1) 首先确定斜顶的抽芯距离,然后按 Ctrl+B 快捷键及 Ctrl+Shift+B 快捷键单独显示后模仁,再选择【插入】→【偏值/缩放】→【创建方块】命令,系统弹出图 5-5-1 所示的【创建方块】对话框。按图 5-5-1 设置相关参数,单击【确定】按钮,系统会创建对应的方块,如图 5-5-2 所示。然后用【测量距离】命令测量此方块的宽度为 1.005 mm,如图 5-5-3 和图 5-5-4 所示。那么斜顶的行程 = 斜顶的倒扣 + 2 mm,也就是斜顶的行程为 3 mm。产品的顶出行程为 20 mm,通过斜顶角度计算公式,可以算出此斜顶的角度设计为 9°比较合适。

图 5-5-1 【创建方块】对话框

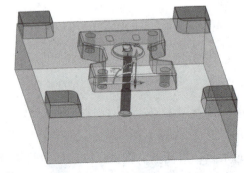

图 5-5-2 创建辅助方块

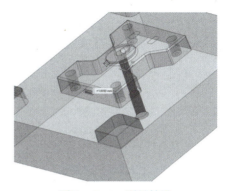

图 5-5-3 【测量距离】对话框　　　　图 5-5-4 测量结果

(2) 选择【插入】→【偏置/缩放】→【创建方块】命令，系统弹出图 5-5-5 所示的【创建方块】对话框。在模型中将倒扣的面全部选中，在【设置】选项组将【间隙】设置为 3 mm，将【大小精度】设置为 1，单击【确定】按钮，系统会自动生成方块，如图 5-5-6 所示。单击【替换面】按钮，系统弹出图 5-5-7 所示的【替换面】对话框。将【要替换的面】设置为创建方块体的顶面，再将【替换面】设置为模仁产品的顶面，单击【应用】按钮，系统会将方块与模仁顶面平齐，如图 5-5-8 所示。用同样的方法将方块的底面替换到分型面上。

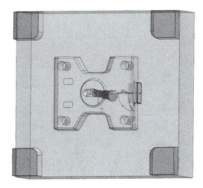

图 5-5-5 【创建方块】对话框　　　　图 5-5-6 创建完成的方块

151

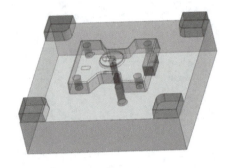

图 5-5-7 【替换面】对话框　　　　图 5-5-8 替换完成的面

（3）按 Ctrl + B 快捷键将后模仁隐藏，单击【拉伸】按钮，系统弹出如图 5-5-9 所示的【拉伸】对话框。将【选择曲线】设置为方块的边，在【指定矢量】下拉列表框中选择 -ZC 命令，在【结束】下拉列表框中选择【值】命令，将其【距离】设置为 5 mm，最后单击【应用】按钮，系统会生成一段片体，如图 5-5-10 所示。

图 5-5-9 【拉伸】对话框　　　　图 5-5-10 创建的片体

(4) 选择【主页】→【特征】→【拉伸】命令,系统弹出图 5-5-11 所示的【拉伸】对话框。将【选择曲线】设置为片体的边,设置【指定矢量】的方向,如果不对可以单击反向按钮,在【拔模】下拉列表框中选择【从起始限制】命令,将【角度】设置为 9 deg 或 -9 deg(根据拉伸形成的角度来选择),然后单击【确定】按钮,完成片体的拉伸,如图 5-5-12 所示。

图 5-5-11 【拉伸】对话框

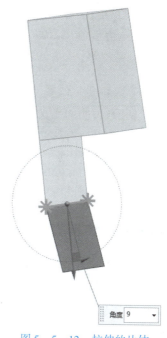

图 5-5-12 拉伸的片体

(5) 单击拉伸按钮,系统弹出图 5-5-13 所示的【拉伸】对话框。将【选择曲线】设置为第 1 段片体所有的边,在【指定矢量】下拉列表框中选择法向命令,【距离】设置为 8 mm,单击【确定】按钮,完成片体边的拉伸。用同样的方法拉伸第 2 段片体的边,如图 5-5-14 所示。

(6) 重复用【替换面】命令,如图 5-5-15 所示,将背面替换成图 5-5-16 所示。单击合并按钮,系统弹出图 5-5-17 所示的【合并】对话框。将【目标】设置为 3 个体中的 1 个体,将【工具】设置为另外 2 个体,单击【确定】按钮完成合并,如图 5-5-18 所示。

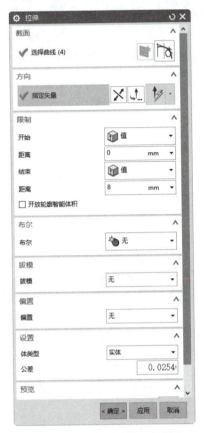

图 5-5-13 【拉伸】对话框

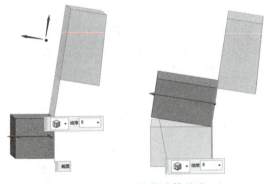

图 5-5-14 拉伸片体的边

图 5-5-15 【替换面】对话框

图 5-5-16 替换面后的体

（7）单击替换面按钮，系统弹出图 5-5-19 所示的【替换面】对话框。将斜顶头的底面替换模仁的底面，首先选中斜顶头的底面，然后按两下鼠标滚轮确定，再选中模仁的底面，这样斜顶头的底面就会替换模仁的底面，如图 5-5-20 所示。

图 5-5-17 【合并】对话框

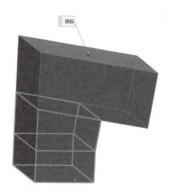

图 5-5-18 将 3 个体合并

图 5-5-19 【替换面】对话框

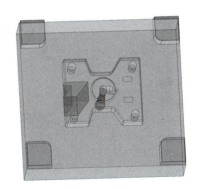

图 5-5-20 替换完成的斜顶头部

(8) 单击求交按钮，系统弹出图 5-5-21 所示的【求交】对话框。先选中滑块头部，再选中后模仁，在【设置】选项组勾选【保存工具】复选框，单击【确定】按钮，系统会完成斜顶头部的创建，如图 5-5-22 所示。单击求差按钮，系统弹出如图 5-5-23 所示的【求差】对话框。先选中后模仁，再选中滑块头部，在【设置】选项组勾选【保存工具】复选框，单击【确定】按钮，系统会完成斜顶头部的求差，如图 5-5-24 所示。

图 5-5-21 【求交】对话框

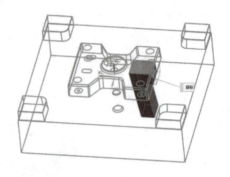

图 5-5-22 求交后完成斜顶头部的创建

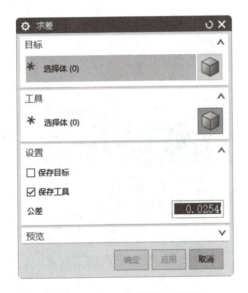

图 5-5-23 【求差】对话框

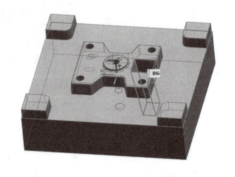

图 5-5-24 斜顶头部求差完成

二、斜顶调用

选择【益模模具设计大师】→【结构设计】→【斜顶设计】命令，系统弹出图 5-5-25 所示的【斜顶机构设计】对话框。按图 5-5-25 设置相关参数，单击斜顶头部的面按钮 ，在模型中选中斜顶头部的底面，单击【应用】按钮，系统会生成斜顶，如图 5-5-26 所示。斜顶生成后，系统会自动切换到【修改】单选按钮，单击开腔按钮 ，系统会用斜顶对相关零件进行开腔。

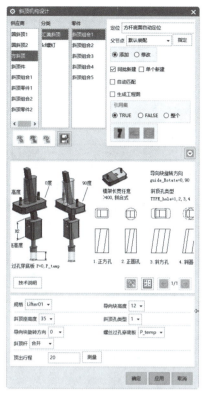

图 5-5-25 【斜顶机构设计】对话框

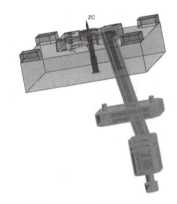

图 5-5-26 斜顶生成

任务六 顶出系统设计

一、调用顶针

根据产品的形状,需要在 4 个深的柱子下面布置顶针,同时,为了顶出可靠,还要在产品长方向的中心布置顶针,具体操作步骤如下。

(1) 选择【分析】→【测量距离】命令,系统弹出【测量距离】对话框,如图 5-6-1 所示。在【类型】下拉列表框中选择【直径】命令,在模型中选择盲孔的底部,系统自动测量盲孔的直径为 6 mm,如图 5-6-2 所示。要求排布的顶针直径为 5 mm 或 5.5 mm,因为需要使用标准型顶针,所以选择直径为 5 mm 的顶针。

(2) 选择【益模模具设计大师】→【结构设计】→【顶出系统设计】命令,系统弹出图 5-6-3 所示的【顶出系统设计】对话框。在【顶出类型】下拉列表框中选择【顶针设计】命令,在【详细分类】→【圆顶针】命令,并根据图 5-6-3 设置相关参数。单击选择模仁按钮,在模型中选中后模仁(注意:不可以同时选中 2 块模仁),然后单击位置点按钮,系统弹出【点】对话框,如图 5-6-4 所示。在模型中选中 4 个盲孔的圆心,完成后单击【取消】按钮,系统返回【顶出系统设计】对话框,单击【应用】按钮,系统会在模型中创建 4 个顶针。

图 5-6-1 【测量距离】对话框

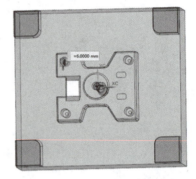

图 5-6-2 测量出的盲孔直径

图 5-6-3 【顶出系统设计】对话框

图 5-6-4 【点】对话框

（3）然后布置另外 1 个顶针，来和斜顶顶出的动作保持平衡。首先在【顶出系统设计】对话框中单击布点按钮，系统弹出如图 5-6-5 所示的【CSYS】对话框。单击【确定】按钮进入布点界面，按 Q 键可以将光标移动的步距切换成整数，然后在图 5-6-5 所示的位置布置顶针，单击【取消】按钮，系统自动返回【顶出系统设计】对话框，单击【应用】按钮，系统会自动生成图 5-6-6 所示的顶针。

图 5-6-5 【CSYS】对话框　　　　图 5-6-6 自动生成顶针

二、顶针开腔

顶针创建完成后，将【顶出系统设计】对话框中的单选按钮【添加零件】切换为【后处理】，如图 5-6-7 所示。单击自动切头部按钮，系统弹出【修剪提示】对话框，如图 5-6-8 所示。单击【确定】按钮，系统会用模仁产品对顶针顶面进行切头部。单击开腔按钮，系统弹出【开腔提示】对话框，如图 5-6-9 所示。单击【确定】按钮，系统会用顶针对相关零件进行开腔。最后单击【确定】按钮，模具顶针设计完成。

图 5-6-7 【顶出系统设计】对话框

图 5-6-8 【修剪提示】对话框

图 5-6-9 【开腔提示】对话框

任务七 冷却系统设计

一、冷却水道设计

(1) 首先按 Ctrl+B 快捷键,隐藏 A 板、前模仁及产品,然后按 Ctrl+Shift+B 快捷键反隐藏前模仁及 A 板,这样就只显示前模仁及 A 板,如图 5-7-1 所示。

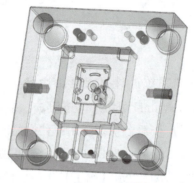

图 5-7-1 单独显示前模仁和 A 板

(2) 选择【益模模具设计大师】→【冷却系统设计】命令,系统弹出图 5-7-2 所示的【消息】对话框。单击【确定】按钮,系统弹出【冷却系统设计】对话框,单击【水道设计】标签,并根据图 5-7-3 所示设置参数。

图 5-7-2 【消息】对话框　　　图 5-7-3 【冷却系统设计】对话框

(3) 单击选择产品按钮,系统会自动选中产品图,然后单击选择模仁或模板按钮,在模型中选中前模仁,再单击【设计平面】按钮,在模型中选中前模仁的底面为设计平面,如图 5-7-4 所示,单击【确定】按钮,系统弹出画水孔界面。按 S 键系统会切换成以 XC-ZC 平面为镜像的点画水道，然后单击水道进出水位置，设置水路进出水孔的点；按 W 键切换操作平面到模型的侧面，将光标向上拉到 Y 坐标为 5 的位置；按 W 键切换操作平面到模型的俯视方向，将光标向上拉到 Y 坐标为 38 的位置；按 Q 键切换水道生成方向，将光标拉到 X 坐标为 42 的位置；按 S 键取消镜像，将 2 条水道相连，完成前模仁水道的布置，如图 5-7-5~图 5-7-9 所示。

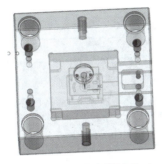

图 5-7-4　选中设计平面

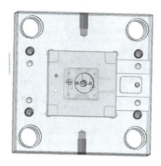

图 5-7-5　设置水路进出水孔的点

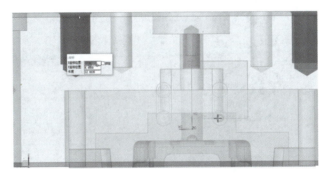

图 5-7-6　切换操作平面到模型的侧面

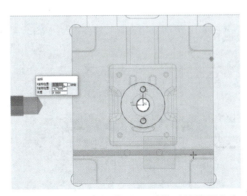

图 5-7-7　切换操作平面到模型的俯视方向

（4）单击选择产品按钮，系统会自动选中产品图，单击选择模仁或模板按钮，在模型中选中 A 板，然后单击按钮，系统弹出【点】对话框，如图 5-7-10 所示。在模型中选中已画好的前模仁水路进出水孔的点，系统返回【冷却系统设计】对话框，然后单击【确定】按钮，系统弹出画水路对话框，如图 5-7-12 所示。按照图 5-7-11~图 5-7-14 进行操作。

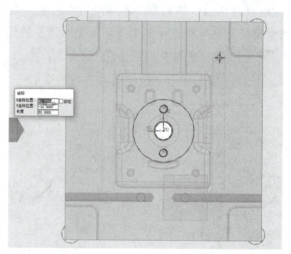

图 5-7-8 切换水道生成方向

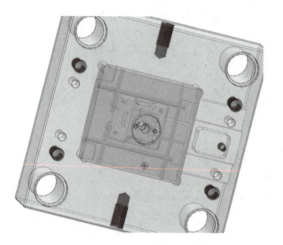

图 5-7-9 取消镜像，将 2 条水道相连

图 5-7-10 【点】对话框

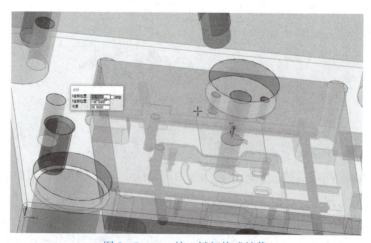

图 5-7-11 按 S 键切换成镜像

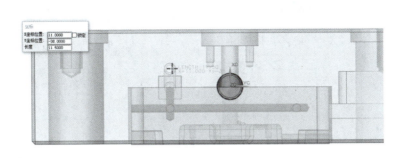

图 5-7-12 按 W 键切换画操作平面,再向上拉

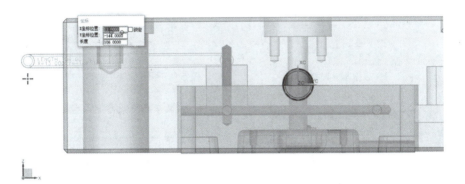

图 5-7-13 将光标向外拉并单击

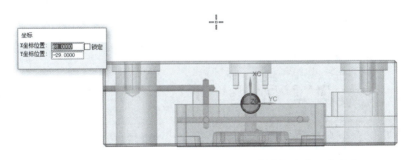

图 5-7-14 按 Q 键切换水孔的方向,前模仁水道生成完成

(5) 按 Ctrl + B 快捷键将 A 板和前模仁隐藏,将所画的水道单独显示,选择【菜单】→【编辑】→【变换】命令,系统弹出图 5-7-15 所示的【变换】对话框,在图形中选中水道,如图 5-7-16 所示。单击【确定】按钮,系统弹出图 5-7-17 所示的【变换】对话框。单击【通过—平面镜像】按钮,系统弹出图 5-7-18 所示的【刨】对话框。在【类型】下拉列表框中选择【XC - YC 平面】命令,单击【确定】按钮,系统弹出图 5-7-19 所示的【变换】对话框。单击【复制】按钮,系统会镜像 B 板水路,单击【确定】后完成,如图 5-7-20 所示。

图 5-7-15 【变换】对话框

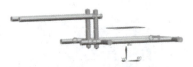

图 5-7-16 选中模型中的水道

图 5-7-17 【变换】对话框

图 5-7-18 【刨】对话框

图 5-7-19 【变换】对话框

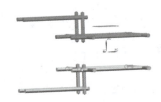

图 5-7-20 镜像后的水路

（6）按 Ctrl + B 快捷键和 Ctrl + Shift + B 快捷键，将后模仁、B 板及刚刚镜像的水路显示。通过观察发现，后模仁水路的进出水与斜顶避空孔的安全距离较少，这时就要用【移动面】命令将 2 个进出水孔向外移动。选择【插入】→【移动建模】→【移动面】命令，系统弹出图 5-7-21 所示的【移动面】对话框。选中一个冷却水路的面，如图 5-7-22 所示，向 - YC 方向移动 5 mm，完成后单击【应用】按钮，冷却水进出水的水道会向 - YC 移动。然后选中一个冷却水路的面，如图 5-7-23 所示，向 - YC 方向移动 5 mm，完成后单击【确定】按钮。

图 5-7-21 【移动面】对话框

图 5-7-22 选中一个冷却水路的面

图 5-7-23 移动另一个冷却水路的面

(7) 单击移动面按钮 ，系统弹出图 5-7-24 所示的【移动面】对话框。将图形中的锥面选中，在【指定矢量】下拉列表框中选择 -XC 命令，将【距离】设置为 4 mm，然后单击【确定】按钮，系统会将 2 个锥面往 -XC 方向移动 4 mm，如图 5-7-25 所示。

图 5-7-24 【移动面】对话框

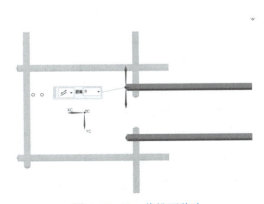

图 5-7-25 将锥面移动

二、调用冷却系统标准件

(1) 选择【益模模具设计大师】→【冷却系统设计】命令，系统弹出【消息】对话框，单击【确定】按钮，系统弹出【冷却系统设计】对话框，然后单击【水道开腔】标签，如图 5－7－26 所示。单击【确定】按钮，系统会用水道对相关零件进行开腔。

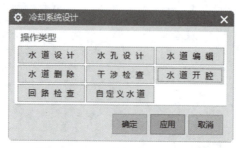

图 5－7－26　【水道开腔】标签

(2) 选择【益模模具设计大师】→【冷却系统设计】→【冷却系统标准件设计】命令，系统弹出图 5－7－27 所示【冷却系统标准件】对话框。在模型中选中 B 板进出口的圆，单击【应用】按钮，系统会自动生成水嘴，如图 5－7－28 所示。

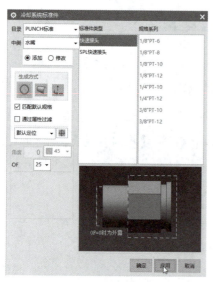

图 5－7－27　【冷却系统标准件】对话框

图 5－7－28　生成水嘴

(3) 再次进入【冷却系统标准件】对话框，按图 5－7－29 所示设置相关参数。在图形中选中要放置密封圈的圆的边，如图 5－7－30 所示，单击【应用】按钮，系统会生成密封圈，再选择【修改】单选按钮，然后在模型中选中密封圈，在【规格系列】下拉列表框中选择 OORS12 命令，然后单击【应用】按钮，系统会生成相应规格的密封圈。

(4) 在【冷却系统标准件】对话框的【种类】下拉列表框中选择【喉塞】命令，按图 5－7－31 所示设置相关参数，然后单击按钮，在图形中选择要堵喉塞位置的圆，如图 5－7－32 所示。然后单击【应用】按钮，系统会生成喉塞。

图 5-7-29 【冷却系统标准件】对话框　　　　图 5-7-30 选中要放密封圈的圆

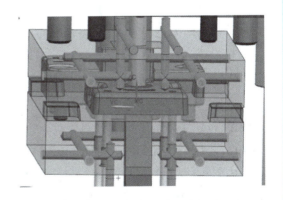

图 5-7-31 【冷却系统标准件】对话框　　　　图 5-7-32 选择堵喉塞的圆

(5) 在【冷却系统标准件】对话框中选择【修改】单选按钮,如图 5-7-33 所示。单击开腔按钮 ,系统会提示是否继续开腔,单击【是】按钮,系统会用所有冷却系统标准件对相关零件进行开腔,如图 5-7-34 所示,冷却系统设计完成。

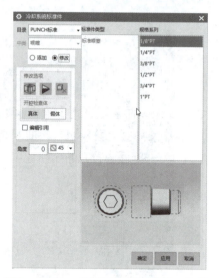

图 5-7-33 【冷却系统标准件】对话框

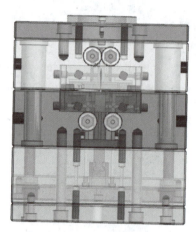

图 5-7-34 冷却系统设计完成

任务八　辅助零件设计

一、调用前后模仁螺钉

选择【益模模具设计大师】→【结构设计】→【螺钉设计】命令，系统弹出【螺钉设计】对话框，如图 5-8-1 所示。在【规格】下拉列表框中选择 M8 命令，在【定位方式】下拉列表框中选择 A 命令，单击选择起始面按钮，在模型中选中 A 板反面，然后单击布点按钮，进入布点界面。按 S 键切换成四角镜像，按 Q 键将步距改为整数，在图形中布点，单击【取消】按钮，系统返回【螺钉设计】对话框，单击【应用】按钮，系统会生成螺钉。在【螺钉设计】对话框中选择【编辑】单选按钮，单击开腔按钮，系统会用螺钉对相关零件进行开腔，如图 5-8-2 所示。B 板用相同的方法开腔。

二、调用回针弹簧、支撑柱

（1）选择【益模模具设计大师】→【结构设计】→【标准件库】命令，系统弹出【标准件库】对话框，如图 5-8-3 所示。在【目录】下拉列表框中选择【标准配件库】命令，在下方列表中选择【弹簧】命令，在右边图片中选择【蓝弹簧组合】命令，将滚动

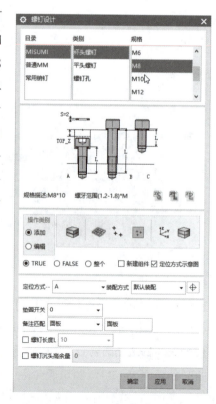

图 5-8-1 【螺钉设计】对话框

条滑到最下面,将顶出距离参数 EJ_dist 设置为 20.00,然后单击【应用】按钮,系统会在回针处生成回针弹簧。单击开腔按钮,系统会用回针弹簧的减腔体对 B 板进行开腔,如图 5-8-4 所示。

(2) 选择【益模模具设计大师】→【结构设计】→【标准件库】命令,系统弹出【标准件库】对话框,如图 5-8-5 所示。在【目录】下拉列表框中选择【标准配件库】命令,在下方列表中选择【支撑柱】命令,在【参数设置】选项卡的【规格类型】下拉列表框中选择 30 命令,单击【指定位置】按钮,系统会弹出布点界面。按 S 键将布点切换成以 XC-ZC 平面为镜像,按 Q 键将移动步距改为整数,然后单击【取消】按钮,系统返回【标准件库】对话框。再单击【应用】按钮,系统会在布点位置生成 4 个支撑柱。最后单击开腔按钮,系统会用支撑柱的减腔体对相关零件进行开腔,如图 5-8-6 所示。

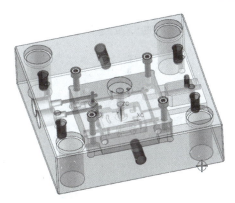

图 5-8-2 布置好的螺钉

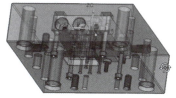

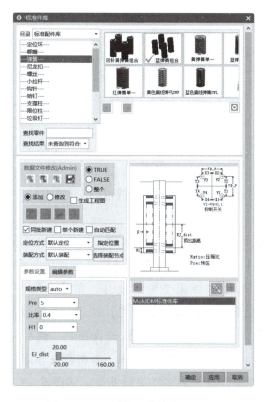

图 5-8-3 【标准件库】对话框

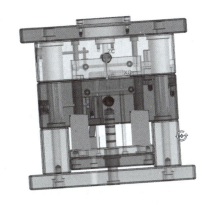

图 5-8-4 开腔完成的弹簧

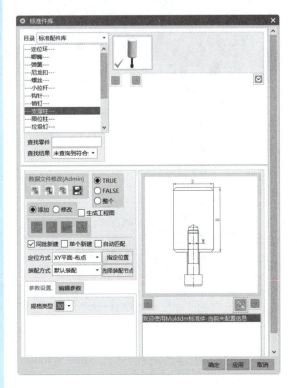

图 5-8-5 【标准件库】对话框

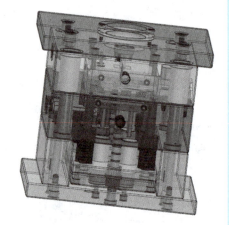

图 5-8-6 开腔完成的支撑柱

三、调用限位柱及垃圾钉

(1) 选择【益模模具设计大师】→【结构设计】→【标准件库】命令，系统弹出【标准件库】对话框，如图 5-8-7 所示。在【目录】下拉列表框中选择【标准配件库】命令，在下方列表中选择【限位柱】命令，在【参数设置】选项卡的【规格类型】下拉列表框中选择 φ25 命令，将高度 H 设置为 20.00，然后单击【指定位置】按钮，系统会弹出布点界面。按 S 键将布点切换成四角镜像，按 Q 键将移动步距改为整数，单击【取消】按钮，系统返回【标准件库】对话框，再单击【应用】按钮，系统会在布点位置生成 4 个限位柱。最后单击开腔按钮，系统会用限位柱的螺钉对顶针面板进行开腔，如图 5-8-8 所示。

(2) 选择【益模模具设计大师】→【结构设计】→【标准件库】命令，系统弹出【标准件库】对话框，如图 5-8-9 所示。在【目录】下拉列表框中选择【标准配件库】命令，在下方列表中选择【垃圾钉】命令，在右边图片中选择第 2 种垃圾钉，在【参数设置】选项卡的【规格类型】下拉列表框中选择 D25 命令，单击【指定位置】按钮，系统会弹出布点界面。按 S 键将布点切换成四角平面镜像，按 Q 键将移动步距改为整数，然后单击【取消】按钮，系统返回【标准件库】对话框，再单击【应用】按钮，系统会在布点位置生成垃圾钉。最后单击开腔按钮，系统会用垃圾钉对相关零件进行开腔，如图 5-8-10 所示。

项目五 中等难度电池盒模具设计（含滑块斜顶抽芯）

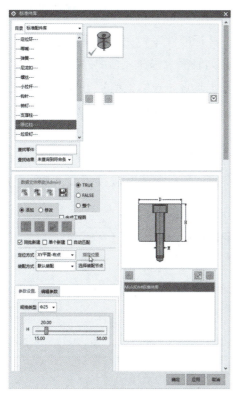

图 5-8-7 【标准件库】对话框

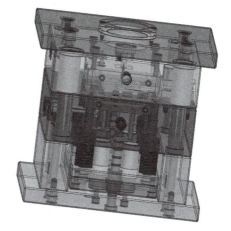

图 5-8-8 开腔完成的限位柱

图 5-8-9 【标准件库】对话框

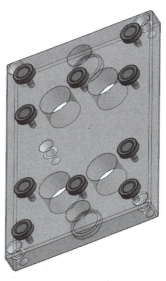

图 5-8-10 开腔完成的垃圾钉

171

四、创建撬模槽及顶出孔

(1) 选择【益模模具设计大师】→【结构设计】→【标准件库】命令,系统弹出【标准件库】对话框,如图 5-8-11 所示。在【目录】下拉列表框中选择【标准件库】命令,在下方列表中选择【撬模槽】命令,在【参数设置】选项卡的【规格类型】下拉列表框中选择 30×30×5 命令,在【定位方式】下拉列表框中选择【面-点】命令,然后单击【指定位置】按钮,在弹出的对话框中选中 B 板的顶面,系统会自动弹出【点】对话框。将点设置为坐标原点,X、Y、Z 设置为 0,然后单击【取消】按钮,系统返回【标准件库】对话框,再单击【应用】按钮,系统会在布点位置生成撬模槽。最后单击开腔按钮 ,系统会用撬模槽对 B 板进行开腔,如图 5-8-12 所示。

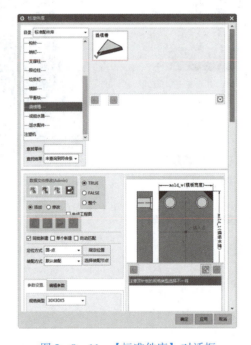

图 5-8-11 【标准件库】对话框

(2) 单击拉伸按钮 ,系统弹出图 5-8-13 所示的【拉伸】对话框。选中撬模槽中心的圆,在【指定矢量】下拉列表框中选择 ZC 命令,在【开始】下拉列表框中选择【值】命令,将其【距离】设置为 295 mm,完成后单击【应用】按钮,系统会生成 1 个圆柱体,如图 5-8-14 所示。

注意:此方法只适用于冷料穴与定位环、浇口套同心。

(3) 选择【插入】→【同步建模】→【调整面大小】 命令,系统弹出图 5-8-15 所示的【调整面大小】对话框。在图形中选中圆柱体的面,然后在【大小】选项组中将【直径】设置为 35 mm,完成后单击【确定】按钮,创建圆柱体的外径如图 5-8-16 所示。

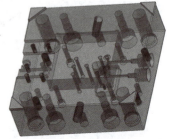

图 5-8-12 开腔完成的撬模槽

 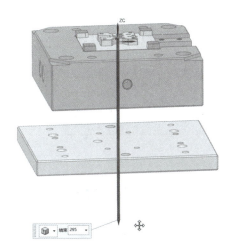

图 5-8-13 【拉伸】对话框　　　　图 5-8-14 创建好的圆柱体

图 5-8-15 【调整面大小】对话框　　　图 5-8-16 创建圆柱体的外径

(4) 选择【益模模具设计大师】→【腔体工具】命令，系统弹出图 5-8-17 所示的【EMoldDM 腔体工具】对话框。将底板选为目标体，将创建的圆柱体选为工具体，完成后单击【确定】按钮，系统会用后模型芯对 B 板进行开腔，如图 5-8-18 所示。然后选择【菜单】→【格式】→【移动至图层】命令，用层工具将曲线和减腔体设置到 256 层。

(5) 双击底板将底板设置成工作部件，选择【主页】→【特征】→【倒斜角】命令，系统弹出图 5-8-19 所示的【倒斜角】对话框。在图形中选中孔的边，然后按图 5-8-19 所示进行设置，单击【确定】按钮，顶出孔设计完成，如图 5-8-20 所示。

图 5-8-17 【EMoldDM 腔体工具】对话框

图 5-8-18 腔体工具开腔后的底板

图 5-8-19 【倒斜角】对话框

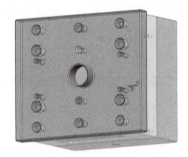

图 5-8-20 创建好的顶出孔

项目六　保护罩模具设计(含滑块抽芯)

设计思路分析

本产品模具设计思路为，调用产品—产品排位—模具成型零件设计—模仁小镶件设计—调用模架—滑块设计—顶出系统设计—冷却系统设计—浇注系统设计—辅助零件设计—BOM 表设计—工程图设计。

根据产品判断此模具分型面在产品的底部 R 角根部处而且不是平面，模架为 CI 模架、浇注系统为大水口侧进胶、有滑块抽芯机构，顶出机构为顶针、司筒顶出。

任务一　模具成型零件设计

一、项目初始化

(1) 将从客户处拿来的产品图放到一个文件夹中。

(2) 打开 UGNX10.0 软件，将保护罩产品图打开，操作步骤如下。

单击【文件】菜单，选择【打开】命令，系统弹出【打开】对话框，选取要打开的文件，单击 OK 按钮，完成产品图的打开，如图 6-1-1、图 6-1-2 所示。

(3) 选择【益模模具设计大师】→【项目初始化】命令，系统弹出【项目初始化】对话框，如图 6-1-3 所示。按照对话框中的内容填写相关信息，然后单击【确定】按钮，系统会提示项目初始化成功。

注意：勾选【生成装配树架构】命令，系统会自动生成标准的装配节点，后期调用的滑块、斜顶，以及标准件都会装配到对应的节点里，如图 6-1-4 所示。

二、产品收缩率设置

(1) 选择【益模模具设计大师】→【产品收缩率设置】命令，系统弹出【产品缩水，产品中心设置】对话框，如图 6-1-5 所示。选中【产品中心设置】标签，双击产品列表中的产品名，然后单击设置中心按钮，产品就会移动到几何中心，如图 6-1-6 所示。

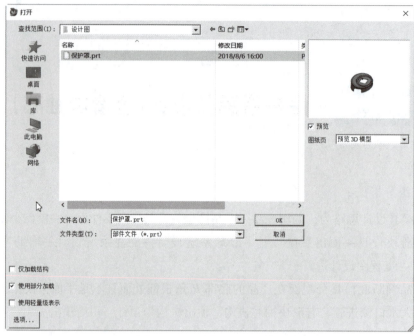

图 6-1-1 【打开】对话框

图 6-1-2 保护罩产品图

图 6-1-3 【项目初始化】对话框

图 6-1-4 【装配导航器】对话框

图6-1-5 【产品缩水，产品中心设置】对话框

图6-1-6 坐标系放置在产品中心

（2）然后选择【产品放缩水】标签，如图6-1-7所示。根据操作步骤，先确定【产品材质】是否为ABS，然后在【缩水类型】下拉列表框中选择【指定点】命令，【缩水率】取系统默认值。单击选择产品按钮，选择图形中的产品，然后单击指定点按钮，系统弹出【点】对话框，将点的绝对坐标X、Y、Z的值都设置为0，如图6-1-8所示。再单击放缩水按钮，系统会提示放缩水成功，产品列表中产品对应的【设置中心】和【设置缩水】会打钩，如图6-1-9所示。

图6-1-7 【产品缩水，产品中心设置】对话框

图6-1-8 设置标准点

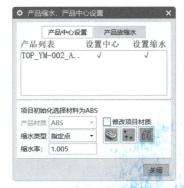

图6-1-9 设置中心及设置放缩水成功

三、创建成型零件

(1) 选择【益模模具设计大师】→【模具分型】→【模具分型工具】命令，系统弹出【分型向导】对话框，如图6-1-10所示。

图6-1-10 【分型向导】对话框

(2) 单击产品分型按钮，系统弹出图6-1-11所示的【产品分析】对话框。首先设置【拔模方向】为Z轴，然后单击对话框中的【执行面分析】按钮，系统会将前模产品面和后模产品面以不同的颜色表现出来，如图6-1-12所示。选中【自定义区域】选项组中的【型腔区域】单选按钮，在图形中选中除产品底部R角外所有青色的面，单击【应用】按钮，系统会将选中的青色面改为与型腔面一致的颜色。然后在【自定义区域】选项组中选中【型芯区域】单选按钮，在【区域过滤】下拉列表框中选择【全部】命令，在模型中选中产品底部R角处的青色面，再单击【确定】按钮，系统会将R角处的青色面改为与型芯区域一致的颜色。

图6-1-11 【产品分析】对话框

图6-1-12 执行面分析后的产品

(3) 在【分型向导】对话框中单击区域析出按钮，系统弹出图6-1-13所示的【创建区域片体】对话框。首先设置区域的放置层，然后勾选【析出型芯区域片体】【析出型腔区域片体】【析出创建分型线】复选框，最后单击【确定】按钮，系统完成区域析出。

(4) 在【分型向导】对话框中单击补孔按钮，系统弹出图6-1-14所示的【补孔】对话框。选中【自动补孔】选项卡中的【自动修补】单选按钮，然后单击【确定】按钮，系统自动完成补孔，如图6-1-15所示。

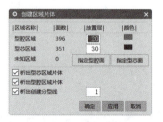

图6-1-13 【创建区域片体】对话框

图 6-1-14 【补孔】对话框　　　　图 6-1-15 补孔完成的模型

(5) 在【分型向导】对话框中单击引导线按钮，系统弹出图 6-1-16 所示的【创建引导线】对话框。首先在【长度】文本框中输入 100.000 0，然后选中【分型线端点】单选按钮，在图形中选中要创建引导线的点，最后单击【确定】按钮，引导线创建成功，如图 6-1-17 所示。

图 6-1-16 【创建引导线】对话框　　　　图 6-1-17 创建完成的引导线成功

(6) 在【分型向导】对话框中单击分型面按钮，系统弹出图 6-1-18 所示的【创建分型面】对话框。选中【分段拉伸】单选按钮，然后在【拉伸长度】文本框中输入 400.000 0，完成后单击【确定】按钮，系统完成分型面的创建，如图 6-1-19 所示。

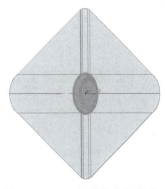

图 6-1-18 【创建分型面】对话框　　　　图 6-1-19 创建完成的分型面

四、创建工件

(1) 在【分型向导】对话框中单击工件按钮,系统弹出图6-1-20所示的【创建工件】对话框。首先将X、Y、Z按照图6-1-20中的值进行设置,然后将+Z、-Z也按图6-1-20进行设置(每设置一个数值要按回车键确定),最后单击【确定】按钮,工件创建完成,如图6-1-21所示。

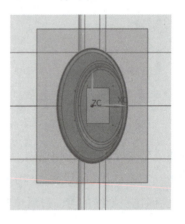

图6-1-20 【创建工件】对话框　　图6-1-21 创建完成的工件

(2) 在【分型向导】对话框中单击分型按钮,系统弹出图6-1-22所示的【分型】对话框。选中【自动创建】单选按钮,最后单击【确定】按钮,系统完成分型,如图6-1-23所示。

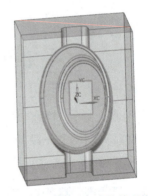

图6-1-22 【分型】对话框　　图6-1-23 分型完成的前后模仁

五、排气槽设计

(1) 选择【益模模具设计大师】→【排气设计】命令,系统弹出图6-1-24所示的【排气槽设计】对话框。在对话框中单击【选择开模方向】按钮,系统弹出【矢量】对话框。在模型中选中分型面,系统会自动判断开模方向,然后单击【确定】按钮,系统返回【排气槽设计】对话框。单击【排气槽基准面】按钮,在模型中选中需要创建排气槽的面,勾选【边自动搜索】命令,然后单击【排气槽参考边】按钮,在模型中选中需要排气的边。根据图6-1-24所示设置对应的参数,单击【一级排气】【二级排气】选项组对应的箭头按钮■，系统会生成排气槽的截面曲线。单击【三级排气】选项组的矢量方向按钮■，在模型中设置矢量方向，再单击指定点按钮■，在模型中设置三级排气槽的位置点。在【排气槽设计】对话框中单击【删除】按钮■，将需要设计滑块位置的一级排气曲线删除，最后结果如图 6-1-25 所示。

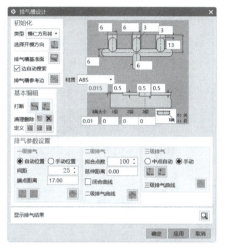

图 6-1-24 【排气槽设计】对话框　　　图 6-1-25 创建完成的排气槽截面曲线

（2）选择【菜单】→【编辑】→【变换】命令，系统弹出图 6-1-26 所示的【变换】对话框。在模型中选中排气槽的截面曲线，如图 6-1-27 所示，单击【确定】按钮，系统弹出如图 6-1-28 所示的【变换】对话框。单击【通过—平面镜像】按钮，系统弹出图 6-1-29 所示的【刨】对话框。在【类型】下拉列表框中选择【YC-ZC 平面】命令，单击【确定】按钮，系统弹出图 6-1-30 所示的【变换】对话框。单击【复制】按钮，系统会镜像出另外一边的截面曲线，如图 6-1-31 所示，最后单击【确定】按钮。

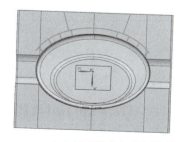

图 6-1-26 【变换】对话框　　　图 6-1-27 选中创建完成的排气槽截面曲线

（3）选择【益模模具设计大师】→【排气设计】命令，系统弹出图 6-1-32 所示的【排气槽设计】对话框。单击【确定】按钮，系统会生成排气槽，如图 6-1-33 所示。

图6-1-28 【变换】对话框

图6-1-29 【刨】对话框

图6-1-30 【变换】对话框

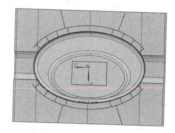

图6-1-31 镜像出的截面曲线

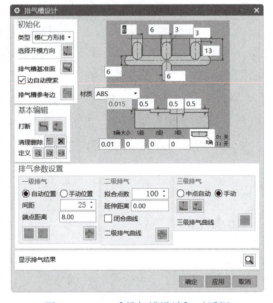

图6-1-32 【排气槽设计】对话框

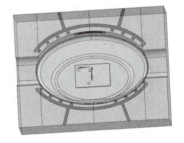

图6-1-33 创建完成的排气槽

六、虎口设计

选择【益模模具设计大师】→【模具分型】→【虎口】命令，系统弹出图6-1-34所示的【虎口设计】对话框。首先在【生成虎口类型】下拉列表框中选择【四角生成-4】命令，然后选择【虎口方向】选项组中的【Z正方向】单选按钮，在【虎口外形】下拉列表框中选择【30×30×15】命令，最后在图形中选中前后模仁，单击【确定】按钮，系统会自动生成虎口，如图6-1-35所示。

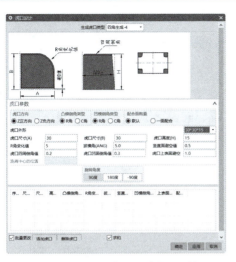

图 6-1-34 【虎口设计】对话框

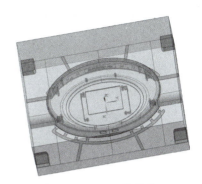

图 6-1-35 生成的虎口

七、模仁取整

（1）选择【插入】→【修剪】→【修剪体】命令，系统弹出图 6-1-36 所示的【修剪体】对话框。首先将后模仁选中，然后在【指定平面】下拉列表框中选择 ZC 命令，将【距离】设置为 -40，完成后单击【确定】按钮。在对话框中单击反向按钮，系统会将后模仁多余的部分切掉，如图 6-1-37 所示。

图 6-1-36 【修剪体】对话框

图 6-1-37 修剪好的后模仁

（2）单击【修剪体】按钮，系统弹出如图 6-1-38 所示的【修剪体】对话框。首先将前模仁选中，然后在【指定平面】下拉列表框中选择 ZC 命令，将【距离】设置为 100，完成后单击【确定】按钮。在对话框中单击反向按钮，系统会将前模仁多余的部分切掉，如图 6-1-39 所示。

图 6-1-38 【修剪体】对话框

图 6-1-39 修剪好的前模仁

任务二 模仁小镶件设计

一、小镶件截面曲线设计

(1) 选择【插入】→【抽取派生曲线】→【抽取曲线】命令,系统弹出图6-2-1所示的【抽取曲线】对话框。在模型中选中如图6-2-2所示的截面曲线,单击【确定】按钮,系统会在模型中抽取对应的曲线。

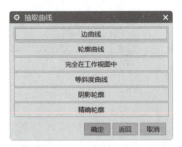

图6-2-1 【抽取曲线】对话框

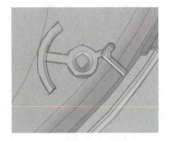

图6-2-2 选中要抽取的曲线

(2) 选择【编辑】→【曲线】→【曲线长度】命令,系统弹出图6-2-3所示的【曲线长度】对话框。将【限制】选项组中的【开始】设置为2 mm,在模型中选中要加长的曲线,然后单击【确定】按钮,系统会将曲线加长,如图6-2-4所示。

图6-2-3 【曲线长度】对话框

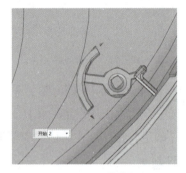

图6-2-4 曲线加长

(3) 按Ctrl+T快捷键,系统弹出图6-2-5所示的【移动对象】对话框。在模型中选中需要复制的曲线,在【运动】下拉列表框中选择【点到点】命令,在模型中选择【指定出发点】和【指定目标点】,然后单击【确定】按钮,系统会将曲线复制到圆弧处,如图6-2-6所示。

(4) 选择【编辑】→【曲线】→【曲线长度】命令,系统弹出图6-2-7所示的【曲线长度】对话框。将【限制】选项组中的【开始】设置为3.55 mm,在模型中选中要加长的曲线,然后单击【确定】按钮,系统会将曲线加长,如图6-2-8所示。

图6-2-5 【移动对象】对话框

图6-2-6 复制曲线完成

图6-2-7 【曲线长度】对话框

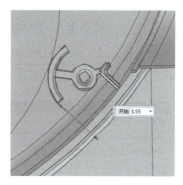
图6-2-8 加长后的曲线

(5) 选择【编辑】→【曲线】→【曲线长度】命令,系统弹出如图6-2-9所示的【曲线长度】对话框。将【限制】选项组中的【开始】设置为2 mm,在模型中选中要加长的曲线,然后单击【确定】按钮,系统会将曲线加长,如图6-2-10所示。

图6-2-9 【曲线长度】对话框

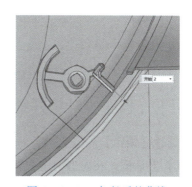
图6-2-10 加长后的曲线

(6) 选择【曲线】→【基本曲线】命令,系统弹出图 6-2-11 所示的【基本曲线】对话框。首先选中圆弧侧的直线端点,然后按图 6-2-12 所示创建与 2 条直线垂直的曲线。

图 6-2-11　【基本曲线】对话框

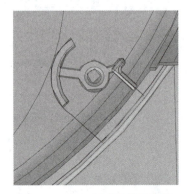

图 6-2-12　创建完成的曲线

(7) 选择【插入】→【修剪】→【修剪曲线】命令,系统弹出【修剪曲线】对话框,如图 6-2-13 所示。首先选中要修剪的曲线,然后选中另一条垂直的曲线作为【边界对象 1】,最后单击【确定】按钮,系统会将多余的曲线去掉,如图 6-2-14 所示。

图 6-2-13　【修剪曲线】对话框

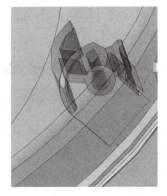

图 6-2-14　修剪完成的曲线

(8) 选择【编辑】→【曲线】→【曲线长度】命令,系统弹出图 6-2-15 所示的【曲线长度】对话框。在模型中选中要加长的曲线,将【限制】选项组中的【开始】设置为 3.6 mm,然后单击【确定】按钮,系统会将曲线加长,如图 6-2-16 所示。

186

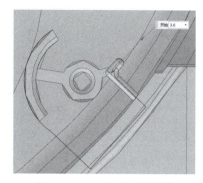

图 6-2-15　【曲线长度】对话框　　　图 6-2-16　加长后的曲线

（9）选择【编辑】→【曲线】→【曲线长度】命令，系统弹出图 6-2-17 所示的【曲线长度】对话框。在模型中选中要加长的曲线，将【限制】选项组中的【开始】设置为 3 mm，然后单击【确定】按钮，系统会将曲线加长，如图 6-2-18 所示。

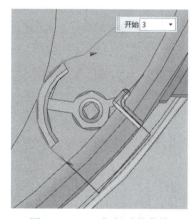

图 6-2-17　【曲线长度】对话框　　　图 6-2-18　加长后的曲线

（10）按 Ctrl + T 快捷键，系统弹出图 6-2-19 所示的【移动对象】对话框。在模型中选中需要复制的曲线，在【运动】下拉列表框中选择【点到点】命令，在模型中选择【指定出发点】和【指定目标点】，最后单击【确定】按钮，系统会将曲线复制到圆弧处，如图 6-2-20 所示。

（11）选择【曲线】→【基本曲线】命令，系统弹出图 6-2-21 所示的【基本曲线】对话框。首先选中圆弧侧的直线端点，然后按图 6-2-22 所示创建与 2 条直线垂直的曲线。

图6-2-19 【移动对象】对话框

图6-2-20 复制完成的曲线

图6-2-21 【基本曲线】对话框

图6-2-22 创建完成的曲线

(12) 选择【插入】→【修剪】→【修剪曲线】命令，系统弹出【修剪曲线】对话框，如图6-2-23所示。首先选中要修剪的曲线，然后选中另一条垂直的曲线作为【边界对象1】，最后单击【确定】按钮，系统会将多余的曲线去掉，如图6-2-24所示。

(13) 选择【插入】→【抽取派生曲线】→【抽取曲线】命令，系统弹出图6-2-25所示的【抽取曲线】对话框。在模型中选中图6-2-26所示的截面曲线，单击【确定】按钮，系统会在模型中抽取对应的曲线。

(14) 选择【插入】→【抽取派生曲线】→【曲线长度】命令，系统弹出图6-2-27所示的【曲线长度】对话框。将【限制】选项组中的【开始】设置为10 mm，然后在模型中选中要加长的曲线，然后单击【确定】按钮，系统会将曲线加长，如图6-2-28所示。

图 6-2-23 【修剪曲线】对话框

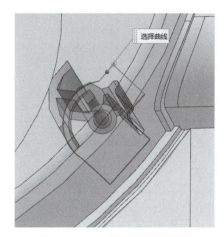

图 6-2-24 修剪完成的曲线

图 6-2-25 【抽取曲线】对话框

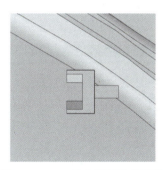

图 6-2-26 选中要抽取的曲线

图 6-2-27 【曲线长度】对话框

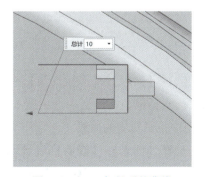

图 6-2-28 加长后的曲线

(15)选择【曲线】→【基本曲线】命令,系统弹出图6-2-29所示的【基本曲线】对话框。首先选中直线的端点,然后选中另一条直线的端点,如图6-2-30所示,将2条直线连接起来,形成一个长方形曲线。

图6-2-29 【基本曲线】对话框

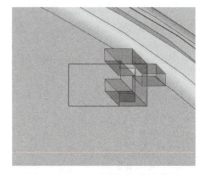

图6-2-30 创建完成的曲线

(16)选择【菜单】→【编辑】→【变换】命令,系统弹出图6-2-31所示的【变换】对话框。在图形中选中截面曲线,然后利用【通过—平面镜像】命令将截面曲线镜像成图6-2-32所示的形状。

图6-2-31 【变换】对话框

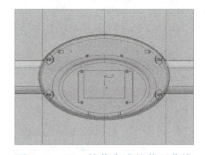

图6-2-32 镜像完成的截面曲线

(17)选择【插入】→【派生曲线】→【投影曲线】命令,系统弹出图6-2-33所示的【投影曲线】对话框。在模型中选中图6-2-34所示的截面曲线,单击【确定】按钮,系统会在模型中投影对应的曲线。

(18)选择【插入】→【修剪】→【修剪曲线】命令,系统弹出【修剪曲线】对话框,如图6-2-35所示。首先选中要延长的曲线,然后选中另一条垂直的曲线作为【边界对象】,最后单击【确定】按钮,系统会将曲线延长到垂直曲线的位置,如图6-2-36所示。

图 6-2-33 【投影曲线】对话框

图 6-2-34 选中投影曲线

图 6-2-35 【修剪曲线】对话框

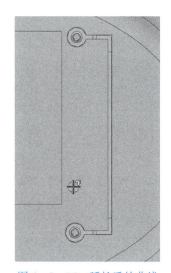

图 6-2-36 延长后的曲线

（19）选择【插入】→【派生曲线】→【投影曲线】命令，系统弹出【投影曲线】对话框，如图 6-2-37 所示。首先在模型中选中刚创建好的曲线，然后在【指定平面】下拉列表框中选择 ZC 命令，最后单击【确认】按钮，系统会将曲线投影到对应的平面上，如图 6-2-38 所示。

图 6-2-37 【投影曲线】对话框

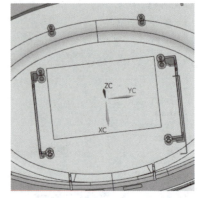

图 6-2-38 投影后的曲线

（20）选择【编辑】→【曲线】→【曲线长度】命令，系统弹出图 6-2-39 所示的【曲线长度】对话框。将【限制】选项组中的【开始】设置为 15 mm，在模型中选中要加长的曲线，然后单击【确定】按钮，系统会将曲线加长，如图 6-2-40 所示。

图 6-2-39 【曲线长度】对话框

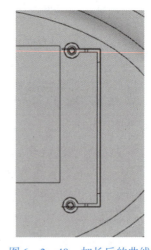

图 6-2-40 加长后的曲线

（21）选择【曲线】→【基本曲线】命令，系统弹出图 6-2-41 所示的【基本曲线】对话框。首先选中圆弧侧的直线端点，然后按图 6-2-42 所示创建一条与直线垂直的曲线。

（22）选择【菜单】→【编辑】→【变换】命令，系统弹出图 6-2-43 所示的【变换】对话框。在图形中选中截面曲线，然后利用【通过—平面镜像】命令将截面曲线镜像成图 6-2-44 所示的形状。

图6-2-41 【基本曲线】对话框

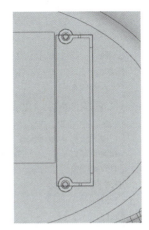

图6-2-42 创建完成的曲线

图6-2-43 【变换】对话框

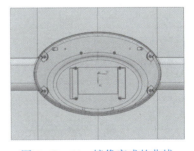

图6-2-44 镜像完成的曲线

(23)按Ctrl+T快捷键，系统弹出图6-2-45所示的【移动对象】对话框。在模型中选中需要复制的曲线，在【运动】下拉列表框中选择【点到点】命令，在模型中选择【指定出发点】和【指定目标点】，最后单击【确定】按钮，系统会将曲线复制到圆弧处，如图6-2-46所示。

(24)选择【插入】→【派生曲线】→【投影曲线】命令，系统弹出【投影曲线】对话框，如图6-2-47所示。在模型中选中刚创建好的曲线，在【指定平面】下拉列表框中选择ZC命令，最后单击【确认】按钮，系统会将曲线投影到对应的平面上，如图6-2-48所示。

图6-2-45 【移动对象】对话框

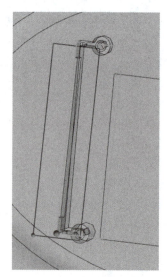

图6-2-46 复制后的曲线

图6-2-47 【投影曲线】对话框

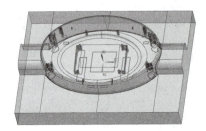

图6-2-48 投影后的曲线

二、小镶件设计

(1) 选择【益模模具设计大师】→【模具分型】→【镶件设计】命令，系统弹出图6-2-49所示的【镶件设计】对话框。首先在图形中选中模仁，然后在【镶件类型】下拉列表框中选择【方形镶件】命令在【方形镶针生成方式】下拉列表框中选择【选择边】命令，再在图形里选择要做镶件的截面曲线，将图形中的模型拉到将整个镶件包含的位置，勾选【镶件自动开腔】复选框，最后单击【确定】按钮，完成镶件设计，如图6-2-50所示。其他需要做镶件的位置来用同样的方法进行设计。

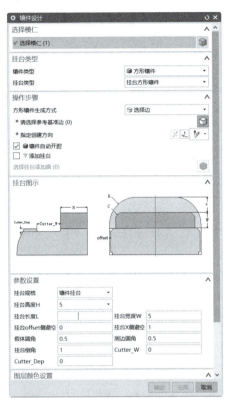

图 6-2-49 【镶件设计】对话框

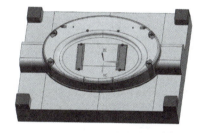

图 6-2-50 设计完成的镶件

（2）选择【益模模具设计大师】→【模具分型】→【镶件挂台设计】命令，系统弹出图 6-2-51 所示的【挂台设计】对话框。首先选中后模仁，然后选中小镶件要做挂台的面，再选中要做挂台的边，完成后单击【应用】按钮，系统会创建挂台并用挂台对模仁进行开腔，如图 6-2-52 所示。其他小镶件的挂台也可采用同样的方法创建，小镶件创建完毕。

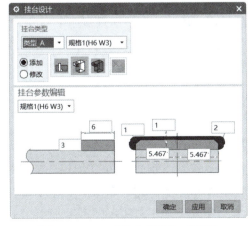

图 6-2-51 【挂台设计】对话框

图 6-2-52 设计完成的挂台

任务三　调用模架

一、创建模架

（1）选择【益模模具设计大师】→【模仁信息填写】命令，系统弹出【模仁信息】对话框，如图6-3-1所示。根据【操作步骤】选择对应的上模仁、下模仁，然后上下模仁的相关尺寸会录入系统，如图6-3-2所示。

图6-3-1　【模仁信息】对话框

图6-3-2　模仁信息已录入系统

（2）选择【益模模具设计大师】→【模架设计】命令，系统弹出【模架设计】对话框，如图6-3-3所示。在【分类】下拉列表框中选择【LKM_大水口】命令，在【类型】下拉列表框中选择C命令，将模架规格设置为4550，将【A板】设置为150，【B板】设置为120，【方铁】设置为120，其他参数默认。设置完成后单击【应用】按钮，系统会根据设置好的参数生成相关模架。按Ctrl+L快捷键，系统弹出【图层设置】对话框，取消勾选250层以后的层，如图6-3-4所示。

二、模架开腔及开框

（1）选择【益模模具设计大师】→【模架设计】→【模架开框】命令，系统弹出【模架开框】对话框，如图6-3-5所示。在【开模类型】下拉列表框中选择【前模-清角类型】命令，选中【生成】单选按钮，在模型里先选择A板，然后选中前模仁，单击【应用】按钮，系统会用前模仁对A板进行开框。然后在【开模类型】下拉列表框中选择【后模-清角类型】命令，再按照前面的操作步骤用后模仁对A板进行开框，完成框架开框，如图6-3-6所示。

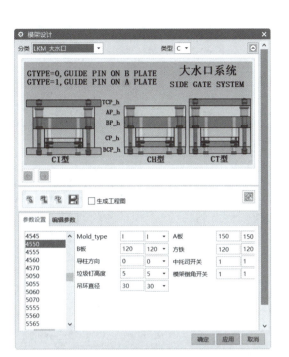

图6-3-3 【模架设计】对话框

图6-3-4 【图层设置】对话框

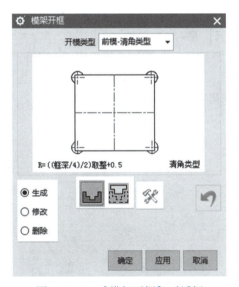

图6-3-5 【模架开框】对话框

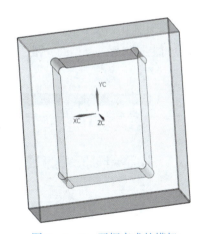

图6-3-6 开框完成的模架

（2）选择【益模模具设计大师】→【结构设计】→【标准件库】命令，系统弹出【标准件库】对话框，如图6-3-7所示。首先选中【修改】单选按钮，然后单击开腔按钮，系统弹出【确认】对话框，在弹出的对话框中单击【确定】按钮，系统会用模架的标准件对模架进行开腔，如图6-3-8所示。

图6-3-7 【标准件库】对话框

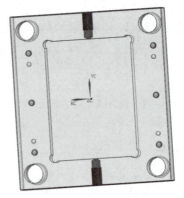
图6-3-8 模架开腔

任务四 滑块设计

一、创建滑块头部

（1）选择【插入】→【偏置/缩放】→【创建方块】命令，系统弹出图6-4-1所示的【创建方块】对话框。在模型中将倒扣的面全部选中，在【设置】选项组将【间隙】设置为0.5 mm，将【大小精度】设置为1，然后将XC方向的面间隙向外拉到55以上，将-ZC方向的面间隙向上拉到超过分型面，最后单击【确定】按钮，系统会自动生成方块，如图6-4-2所示。

图6-4-1 【创建方块】对话框

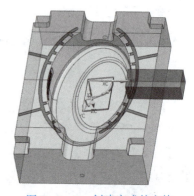
图6-4-2 创建完成的方块

(2) 选择【插入】→【细节特征】→【拔模】命令，系统弹出图6-4-3所示的【拔模】对话框。在【类型】下拉列表框中选择【从边】命令，在【指定矢量】下拉列表框中选择 ZC 命令，将【角度1】设置为 3 deg，然后在图形中选中要拔模的边，最后单击【确定】按钮，系统将上一步创建的方块拔模，如图6-4-4所示。

图6-4-3 【拔模】对话框

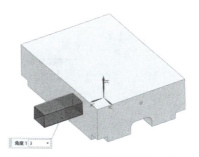
图6-4-4 将创建的方块拔模

(3) 选择【插入】→【细节特征】→【边倒圆】命令，系统弹出图6-4-5所示的【边倒圆】对话框。首先在模型中选中要倒圆角的边，然后将【半径1】设置为 2 mm，最后单击【确定】按钮，系统会生成圆角，如图6-4-6所示。

图6-4-5 【边倒圆】对话框

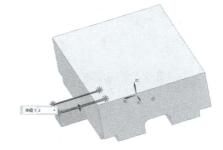
图6-4-6 生成圆角

(4) 选择【插入】→【偏置/缩放】→【创建方块】命令，系统弹出图6-4-7所示的【创建方块】对话框。在模型中将倒扣的面全部选中，在【设置】选项组将【间隙】设置为 0.5 mm，将【大小精度】设置为 1，然后将 XC 方向的面间隙向外拉到 100 以上，将 -ZC 方向的面间隙向上拉到超过分型面，最后单击【确定】按钮，系统会自动生成另一个方块，如图6-4-8所示。

(5) 单击拔模按钮，系统弹出图6-4-9所示的【拔模】对话框。在【类型】下拉列表框中选择【从边】命令，在【指定矢量】下拉列表框中选择 ZC 命令，将【角度1】设置为 3 deg，然后在图形中选中要拔模的边，最后单击【确定】按钮，系统将上一步创建的方块拔模，如图6-4-10所示。

图 6-4-7 【创建方块】对话框

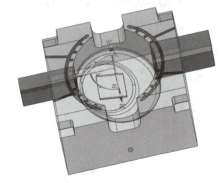

图 6-4-8 创建滑块的另一个方块

图 6-4-9 【拔模】对话框

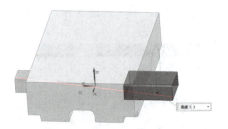

图 6-4-10 将方块拔模

（6）单击边倒圆按钮 ，系统弹出图 6-4-11 所示的【边倒圆】对话框。首先在模型中选中要倒圆角的边，然后将【半径 1】设置为 2 mm，最后单击【确定】按钮，系统会生成圆角，如图 6-4-12 所示。

图 6-4-11 【边倒圆】对话框

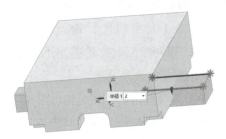

图 6-4-12 生成圆角

(7)单击相交按钮,系统弹出图 6-4-13 所示的【相交】对话框。在图形中将【目标】设置为模仁,将【工具】设置为 2 个滑块的头部,勾选【保存目标】复选框,最后单击【确认】按钮,系统会创建滑块头部,如图 6-4-14 所示。

图 6-4-13 【相交】对话框

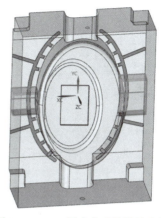

图 6-4-14 创建完成的滑块头部

(8)按 Ctrl + B 快捷键及 Ctrl + Shift + B 快捷键单独显示滑块头部,选择【插入】→【同步建模】→【替换面】命令,系统弹出图 6-4-15 所示的【替换面】对话框。将【要替换的面】设置为排气槽的面,将【替换面】设置为分型面,完成后单击【应用】按钮,系统会将凹槽面替换上来,如图 6-4-16 所示。用相同的方法替换另一个滑块头部。

图 6-4-15 【替换面】对话框

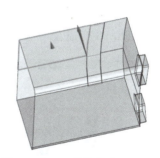

图 6-4-16 替换完成的凹槽面

二、调用滑块

(1)选择【益模模具设计大师】→【结构设计】→【滑块设计】命令,系统弹出图 6-4-17 所示的【滑块设计】对话框。按图 6-4-17 设置参数并选中图形中的滑块头部,单击选择抽芯方向按钮,系统弹出对话框,设置抽芯方向,单击【确定】按钮,然后单击选择坐标点按钮,系统弹出对话框,在图中选中插入点,单击【确定】按钮,系统返回【滑块设计】对话框,单击【确定】按钮,系统生成滑块座。最后单击开腔按钮,系统会用滑块相关零件对模板进行开腔,如图 6-4-18 所示。

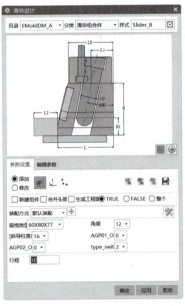

图 6-4-17 【滑块设计】对话框

图 6-4-18 开腔完成的滑块

（2）调用另一个滑块，选择【益模模具设计大师】→【结构设计】→【滑块设计】命令，系统弹出图 6-4-19 所示的【滑动设计】对话框。在【规格类型】下拉列表框中选择【60×80×77】命令，选中图形中的滑块头部，然后单击选择抽芯方向按钮，设置抽芯方向，单击【确定】按钮，单击选择坐标点按钮，在图形中选中插入点，单击【确定】按钮，系统返回【滑块设计】对话框，单击【确定】按钮，系统会生成滑块相关零件。观察发现滑块的宽度 80 太宽，在【编辑参数】选项卡中将 W 设置为 65，最后单击【确定】按钮，滑块宽度由 80 变成 65，但滑块耐磨块的宽度没有改变，如图 6-4-20 所示。

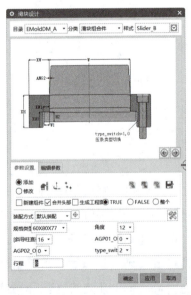

图 6-4-19 【滑块设计】对话框

图 6-4-20 调整滑块宽度

（3）再次进入【滑块设计】对话框，选中滑块耐磨块，系统弹出图6-4-21所示对话框。在【编辑参数】选项卡中将L的值设置为65后按回车键，然后单击【确定】按钮，系统会将滑块耐磨块的长度设置为65，如图6-4-22所示。

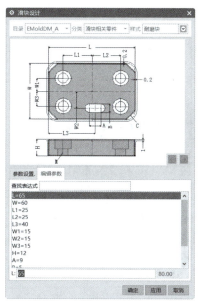

图6-4-21　【滑块设计】对话框　　　　　　　图6-4-22　编辑完成的滑块耐磨块

（4）选择【益模模具设计大师】→【结构设计】→【滑块设计】命令，系统弹出图6-4-23所示的【滑块设计】对话框。在模型中选中滑块的所有零件，然后单击开腔按钮，系统会用滑块相关零件对模型进行开腔，如图6-4-24所示。

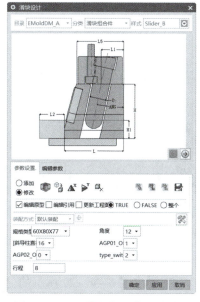

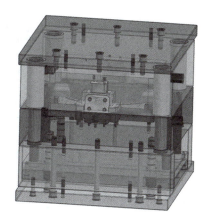

图6-4-23　【滑块设计】对话框　　　　　　　图6-4-24　开腔完成的滑块

三、滑块开腔细节处理

（1）按 Ctrl + B 快捷键与 Ctrl + Shift + B 快捷键，将 A 板单独显示，双击 A 板将 A 板设置为工作部件，选择【插入】→【同步建模】→【删除面】命令，系统弹出图 6-4-25 所示的【删除面】对话框。在模型中选中几处带有锋角的面，如图 6-4-26，完成后单击【确定】按钮，系统会将几处锋角删除。

图 6-4-25　【删除面】对话框

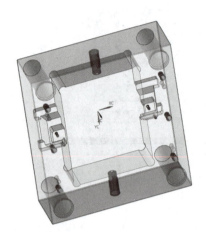
图 6-4-26　选中要删除的部位

（2）选择【插入】→【同步建模】→【替换面】命令，系统弹出图 6-4-27 所示的【替换面】对话框。将【要替换的面】设置为压条避空的顶面，将【替换面】设置为 A 板的侧面，单击【应用】按钮，替换面完成，如图 6-4-28 所示。另一边的压条避空顶面也用同样的方法替换。

图 6-4-27　【替换面】对话框

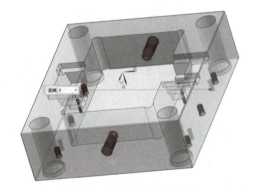
图 6-4-28　替换对应的面

（3）选择【插入】→【细节特征】→【边倒圆】命令，系统弹出图 6-4-29 所示的【边倒圆】对话框。选中图 6-4-30 所示的边，将【半径 1】设置为 10.5 mm，单击【应用】按钮，系统会根据设置的参数倒圆角。

| 图 6-4-29 【边倒圆】对话框 | 图 6-4-30 选中要倒圆角的边 |

（4）按 Ctrl + B 快捷键与 Ctrl + Shift + B 快捷键，将 B 板单独显示，双击 B 板将 B 板设置为工作部件，单击删除面按钮，系统弹出图 6-4-31 所示的【删除面】对话框。在模型中选中限位柱避空的面，最后单击【确定】按钮，系统会将选中的面删除，如图 6-4-32 所示。

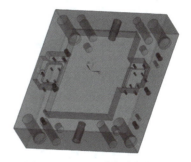

图 6-4-31 【删除面】对话框　　　　图 6-4-32 删除对应的面

（5）选择【插入】→【同步建模】→【替换面】命令，系统弹出图 6-4-33 所示的【替换面】对话框。将【要替换的面】设置为避空面，将【替换面】设置为 B 板的侧面，单击【应用】按钮，替换面完成，如图 6-4-34 所示。另一边的避空面也用同样的方法替换。

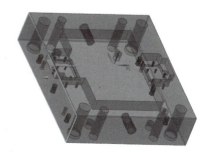

图 6-4-33 【替换面】对话框　　　　图 6-4-34 替换对应的面

(6)选择【插入】→【同步建模】→【删除面】命令,系统弹出图6-4-35所示的【删除面】对话框。在模型中选中限位柱避空的面,如图6-4-36所示,最后单击【确定】按钮,系统会将选中的面删除。

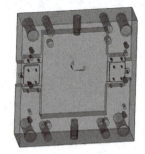

图6-4-35 【删除面】对话框　　　　图6-4-36 选中删除的面

(7)选择【主页】→【特征】→【求差】命令,系统弹出图6-4-37所示的【求差】对话框。在图形中将【目标】设置为模仁,将【工具】设置为滑块头部,然后勾选【保存工具】复选框,完成后单击【确定】按钮,系统会用滑块头部对模仁求差,如图6-4-38所示。

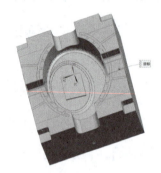

图6-4-37 【求差】对话框　　　　图-4-38 求差完成的模仁

任务五　顶出系统设计

一、调用司筒

(1)生成长方形镶件顶针。按Ctrl+B快捷键与Ctrl+Shift+B快捷键,将后模仁与小镶件单独显示,单击合并按钮,系统弹出图6-5-1所示的【合并】对话框。将【目标】设置为前模仁,将【工具】设置为2个长方形的小镶件,单击【确定】按钮,系统会将后模仁与2个长方形小镶件合并,如图6-5-2所示。

注:将模仁和小镶件合并的原因是系统在调用顶针选择模仁时,只能选择单个模仁,所以遇到顶针需要布置在模仁与小镶件交界处时,需要将小镶件与模仁临时合并。布置完顶针后再将合并参数删除即可。

图6-5-1 【合并】对话框

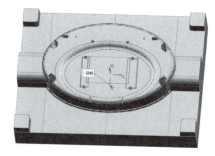
图6-5-2 合并后模仁与小镶件

（2）选择【益模模具设计大师】→【结构设计】→【顶出系统设计】命令，系统弹出图6-5-3所示的【顶出系统设计】对话框。按图6-5-3设置参数，并在图形中选中后模仁，然后在对话框中单击指定点按钮 ，系统弹出【点】对话框。在模型中选中4个要布置司筒的点，单击【应用】按钮，系统会生成4个司筒，如图6-5-4所示。

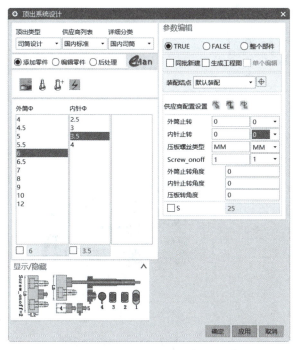
图6-5-3 【顶出系统设计】对话框

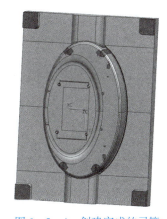
图6-5-4 创建完成的司筒

（3）在【顶出系统设计】对话框中，选中【后处理】单选按钮，如图6-5-5所示。单击自动切头部按钮，系统会根据模仁的外形对司筒切头部，然后单击开腔按钮，系统会用司筒对相关零件进行开腔，如图6-5-6所示。

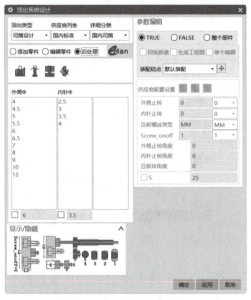

图6-5-5 【顶出系统设计】对话框

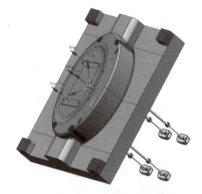

图6-5-6 开腔完成的司筒

（4）在UGNX10.0软件的【部件导航器】中，右击【合并】参数，在弹出的快捷菜单中选择【删除】命令将此参数删除，如图6-5-7所示，系统会恢复之前设计的镶件，如图6-5-8所示。

图6-5-7 部件导航器

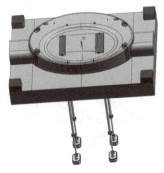

图6-5-8 删除合并参数

（5）生成模仁顶针。再次进入【顶出系统设计】对话框，选中【添加零件】单选按钮，如图6-5-9所示。将【外筒ϕ】设置为5.5，【内针ϕ】设置为3.5，然后按照操作顺序，先选中模仁，再单击指定点按钮，在模型中选中需要布顶针的点，最后单击【应用】按钮，系统生成对应的顶针，如图6-5-10所示。

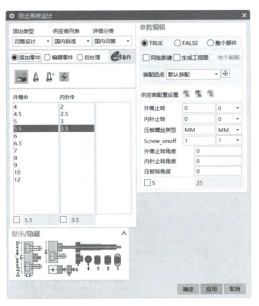

图 6-5-9 【顶出系统设计】对话框

图 6-5-10 生成模仁顶针

(6) 生成异性小镶件顶针。进入【顶出系统设计】对话框,选中【添加零件】单选按钮,如图 6-5-11 所示。【外筒 φ】设置为 5.5,将【内针 φ】设置为 3.5,然后按照操作顺序,先选中小镶件,再单击指定点按钮,在模型中选中需要布顶针的点,最后单击【应用】按钮,系统会生成顶针。另外 3 个异性小镶件顶针也用同样的方法设计,如图 6-5-12 所示。

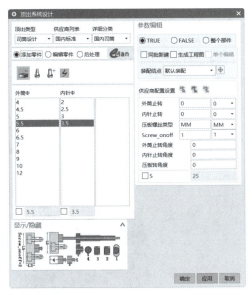

图 6-5-11 【顶出系统设计】对话框

图 6-5-12 生成小镶件顶针

(7) 在【顶出系统设计】对话框中,选中【后处理】单选按钮,如图 6-5-13 所示。单击自动切头部按钮,系统会根据模仁的外形对司筒切头部,然后单击开腔按钮,系统会用司筒对相关零件进行开腔,如图 6-5-14 所示。

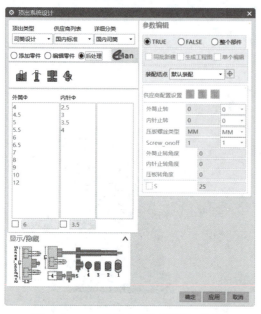
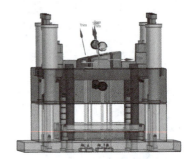

图 6-5-13 【顶出系统设计】对话框　　图 6-5-14 开腔完成的司筒

二、调用顶针

(1) 选择【益模模具设计大师】→【结构设计】→【顶出系统设计】命令，系统弹出图 6-5-15 所示的【顶出系统设计】对话框。在【顶出类型】下拉列表框中选择【顶针设计】命令，在【详细分类】→【圆顶针】命令，并根据图 6-5-15 设置相关参数。单击选择模仁按钮，在模型中选中后模仁，单击布点按钮，系统会进入布点界面，在模型中布置需要布顶针的位置，然后单击【取消】按钮，系统返回【顶出系统设计】对话框，单击【应用】按钮，系统会在模型中创建对应的顶针，如图 6-5-16 所示。

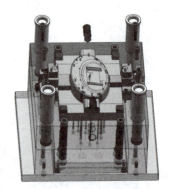

图 6-5-15 【顶出系统设计】对话框　　图 6-5-16 生成顶针

(2) 在【顶出系统设计】对话框中,选中【后处理】单选按钮,如图 6-5-17 所示。单击自动切头部按钮 , 系统会根据模仁的外形对顶针切头部,然后单击开腔按钮 , 系统会用顶针对相关零件进行开腔,如图 6-5-18 所示。

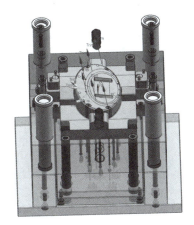

图 6-5-17　【顶出系统设计】对话框　　　　图 6-5-18　开腔完成的顶针

任务六　冷却系统设计

一、前模冷却系统设计

(1) 选择【益模模具设计大师】→【结构设计】→【标准件库】命令,系统弹出图 6-6-1 所示的【标准件库】对话框。在【目录】下拉列表框中选择【标准配件库】命令,在下方列表中选择【成组水路】命令,在右边图片中选择【前模环形水路】命令。在【规格类型】下拉列表框中选择 Hasco 命令,将 D 设置为 8,SIED 设置为 right,H2 设置为 60,H3 设置为 15,L5 设置为 50,L1 设置为 35.00,其他参数默认。单击【应用】按钮,系统会根据设置的参数生成前模环形水路,如图 6-6-2 所示。

(2) 选择【益模模具设计大师】→【结构设计】→【标准件库】命令,系统弹出如图 6-6-3 所示的【标准件库】对话框。在【目录】下拉列表框中选择【标准配件库】命令,在下方列表中选择【成组水路】命令,在右边图片中选择【前模环形水路】命令。在【规格类型】下拉列表框中选择 Hasco 命令,将 D 设置为 8,SIDE 设置为 right,H2 设置为 30,H3 设置为 35,L5 设置为 25,L1 设置为 80.00,其他参数默认。单击【应用】按钮,系统会根据设置的参数生成第 2 条前模环形水路,如图 6-6-4 所示。再在对话框中单击开腔按钮 ,系统会用刚生成的水路对相关零件进行开腔。然后选中第 1 次生成的水路,单击开腔按钮 ,系统会用第 1 条水路对相关零件进行开腔。

211

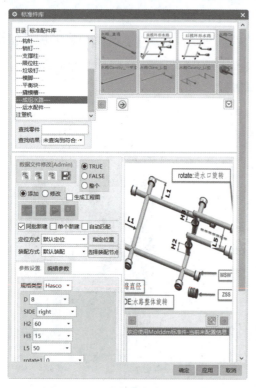

图 6-6-1 【标准件库】对话框

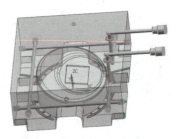

图 6-6-2 前模环形水路 1

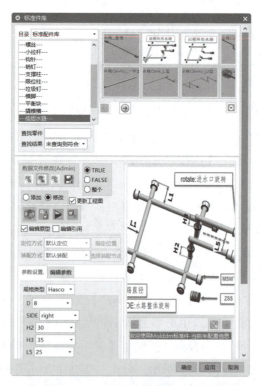

图 6-6-3 【标准件库】对话框

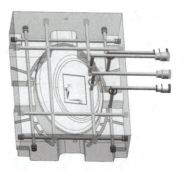

图 6-6-4 前模环形水路 2

二、后模冷却系统设计

（1）选择【益模模具设计大师】→【结构设计】→【标准件库】命令，系统弹出图 6-6-5 所示的【标准件库】对话框。在【目录】下拉列表框中选择【标准配件库】命令，在下方列表中选择【成组水路】命令，在右边图片中选择【后模环形水路】命令。在【规格类型】下拉列表框中选择 Hasco 命令，将 D 设置为 8，SIDE 设置为 right，H2 设置为 15，H3 设置为 30，L5 设置为 50，L1 设置为 40.00，其他参数默认。单击【应用】按钮，系统会根据设置的参数生成后模环形水路，如图 6-6-6 所示。

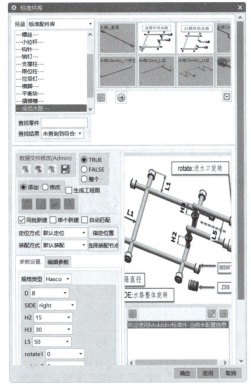
图 6-6-5 【标准件库】对话框

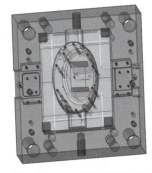
图 6-6-6 后模环形水路

（2）选择【益模模具设计大师】→【结构设计】→【标准件库】命令，系统弹出图 6-6-7 所示的【标准件库】对话框。在【目录】下拉列表框中选择【标准配件库】命令，在下方列表中选择【成组水路】命令，在右边图片中选择【水路 Core】命令。在【规格类型】下拉列表框中选择 Hasco 命令，将 D 设置为 8，其他参数默认。单击【应用】按钮，系统会根据设置的参数生成水路，如图 6-6-8 所示。

（3）选择【益模模具设计大师】→【辅助工具集】→【移动复制工具】命令，系统弹出图 6-6-9 所示的【移动/复制工具】对话框。在对话框中【操作选项】选项组单击移动按钮，在【功能选项】选项组单击平移按钮，在 DYC 文本框中输入 -22，选中刚创建好的水路，然后单击【增量 XYZ】按钮，系统会将水路往 Y 轴方向移动 22 mm，如图 6-6-10 所示。

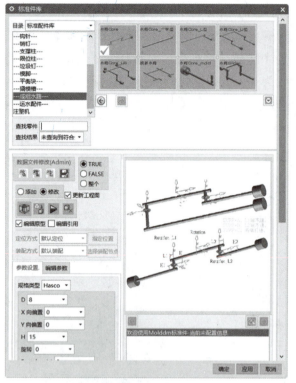

图6-6-7 【标准件库】对话框

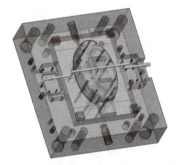

图6-6-8 生成水路

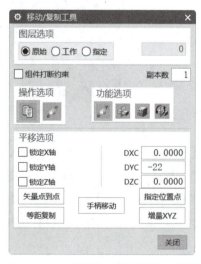

图6-6-9 【移动/复制工具】对话框

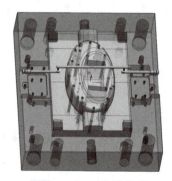

图6-6-10 水路移动

(4) 在【移动/复制工具】对话框中【操作选项】选项组单击复制按钮，在DYC文本框输入44，如图6-6-11所示。然后选中刚创建好的水路，单击【增量XYZ】按钮，系统会在距离选中水路44 mm处复制出一条水路，如图6-6-12所示。

图 6-6-11 【移动/复制工具】对话框

图 6-6-12 水路复制

（5）完成第 2 条水路设置后，在 DYC 文本框输入 50.000 0，如图 6-6-13 所示。选中 YC 正方向的水路，然后单击【增量 XYZ】按钮，系统会在距离选中水路 50 mm 处复制出第 3 条水路，如图 6-6-14 所示。

图 6-6-13 【移动/复制工具】对话框

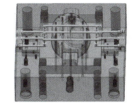
图 6-6-14 水路复制

（6）完成第 3 条水路设置后，在 DYC 文本框输入 -50.000 0，选中 YC 负方向的水路，如图 6-6-15 所示，然后单击【增量 XYZ】按钮，系统会在距离选中水路 -50 mm 处复制出第 4 条水路，如图 6-6-16 所示。

（7）在【移动/复制工具】对话框中【操作选项】选项组单击移动按钮 ，在【功能选项】选项区域单击【平移】按钮 ，在 DZC 文本框输入 -80.000 0，如图 6-6-17 所示。然后选中刚创建好 4 条的水路，单击【增量 XYZ】按钮，系统会将水路往 Y 方向移动 80 mm，如图 6-6-18 所示。

（8）选择【益模模具设计大师】→【结构设计】→【标准件库】命令，系统弹出图 6-6-19 所示的【标准件库】对话框。在模型中选中创建的 4 条水路中的 1 条，将 H 的值改为 32，H1 和 H2 的值改为 20.000 0，最后单击【应用】按钮，系统会调出 1 组水路，如图 6-6-20 所示。

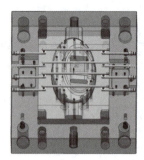

图6-6-15 【移动/复制工具】对话框　　　图6-6-16 水路复制

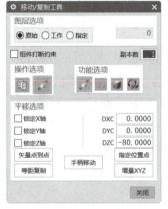
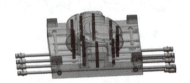

图6-6-17 【移动/复制工具】对话框　　　图6-6-18 水路移动

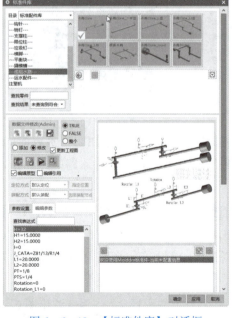

图6-6-19 【标准件库】对话框　　　图6-6-20 调出水路

(9) 选择【益模模具设计大师】→【腔体工具】命令，系统弹出图6-6-21所示【EMoldDM 腔体工具】对话框。将 B 板和后模仁选为【目标体】，将后模水路所有的体选为【工具体】，最后单击【确定】按钮，系统会用后模水路对 B 板和后模仁进行开腔，如图 6-6-22 所示。

图 6-6-21 【EMoldDM 腔体工具】对话框

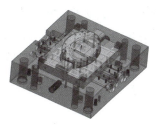

图 6-6-22 开腔完成的水路

任务七 浇注系统设计

一、调用定位环

选择【益模模具设计大师】→【结构设计】→【标准件库】命令，系统弹出【标准件库】对话框，如图 6-7-1 所示。在【目录】下拉列表框中选择【标准配件库】命令，在下方列表中选择【定位环】命令，在右边图片中选择 LS 命令，然后选中【添加】单选按钮，再在【参数设置】选项卡的【规格类型】下拉列表框中选择【LS-120-15】命令，根据面板的厚度和将要选用的浇口套类型将 FH 设置为 30，最后单击【应用】按钮。系统会在面板 X 轴、Y 轴的中心生成定位环，Z 轴方向下沉 5 mm，同时系统会自动将单选按钮【添加】切换为【修改】。单击开腔按钮，系统会用定位环对面板进行开腔，如图 6-7-2 所示。

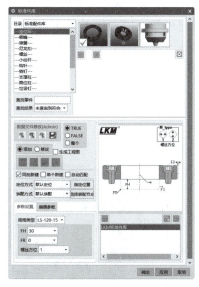

图 6-7-1 【标准件库】对话框

图 6-7-2 开腔完成的定位环

二、调用浇口套

（1）选择【益模模具设计大师】→【结构设计】→【标准件库】命令，系统弹出【标准件库】对话框，如图6-7-3所示。在【目录】下拉列表框中选择【标准配件库】命令，在下方列表中选择【唧嘴】命令，在右边图片中选择唧嘴命令，然后选中【添加】单选按钮，再在【参数设置】选项卡的【规格类型】下拉列表框中选择【直径16】命令，其他值保持默认，最后单击【应用】按钮。系统会根据设置的参数自动生成唧嘴，如图6-7-4所示。

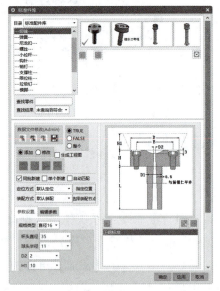
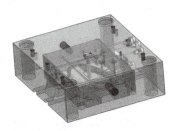

图6-7-3 【标准件库】对话框　　　　图6-7-4 生成的唧嘴

（2）选择【益模模具设计大师】→【辅助工具集】→【移动复制工具】命令，系统弹出图6-7-5所示的【移动/复制工具】对话框。在对话框中【操作选项】选项组单击移动按钮，在【功能选项】选项组单击平移按钮，在DXC文本框输入8.0000，选中定位环和浇口套，然后单击【增量XYZ】按钮，系统会将定位环和浇口套往X轴正方向移动8 mm，如图6-7-6所示。

图6-7-5 【移动/复制工具】对话框　　　　图6-7-6 移动完成的定位环

(3)选择【益模模具设计大师】→【辅助工具集】→【装配操作】命令,系统弹出图6-7-7所示的【装配操作】对话框。单击手动切头部按钮,系统弹出图6-7-8所示的【装配修剪操作】对话框,将目标体选为浇口套,工具片体选为主流道的面,最后单击【确定】按钮,系统会用选中的面切浇口套头部,如图6-7-9所示。

图6-7-7 【装配操作】对话框

图6-7-8 【装配修剪操作】对话框

图6-7-9 修剪完成的浇口套

(4)选择【益模模具设计大师】→【结构设计】→【标准件库】命令,系统弹出【标准件库】对话框,如图6-7-10所示。浇口套修剪完成后,系统会自动将单选按钮【添加】切换为【修改】,单击开腔按钮,系统会用定位环对浇口套进行开腔,如图6-7-11所示。

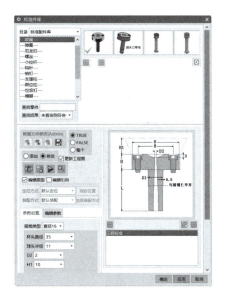

图6-7-10 【标准件库】对话框

图6-7-11 开腔完成的浇口套

三、创建流道、浇口和冷料穴

(1)选择【曲线】→【基本曲线】命令,系统弹出图6-7-12所示的【基本曲线】对话框。首先选中面板顶面长边的中点,然后选中另一侧的中点,创建图6-7-13所示的直线。

图6-7-12 【基本曲线】对话框

图6-7-13 创建完成的直线

（2）选择【插入】→【派生曲线】→【投影曲线】命令，系统弹出【投影曲线】对话框，如图6-7-14所示。在模型中选刚创建好的直线，将【选中对象】设置为图6-7-13所示的碰穿面，然后单击【确认】按钮，系统会将直线投影到平面上，如图6-7-15所示。

图6-7-14 【投影曲线】对话框

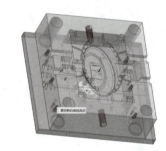

图6-7-15 投影完成的直线

（3）选择【曲线】→【基本曲线】命令，系统弹出图6-7-16所示的【基本曲线】对话框。首先选中曲线的端点，然后选中另一曲线的端点，创建图6-7-17所示的直线。

（4）单击拉伸按钮，系统弹出图6-7-18所示的【拉伸】对话框。在【选择曲线】处选中创建好的曲线，在【指定矢量】下拉列表框中选择ZC命令，在【结束】下拉列表框中选择【值】命令，将其【距离】设置为8 mm，在【拔模】下拉列表框中选择【从起始限制】命令，将【角度】设置为5 deg，在【偏置】选项组的【偏置】下拉列表框中选择【两侧】命令，将【开始】设置为-4 mm，将【结束】设置为4 mm，最后单击【应用】按钮，系统会生成一个梯形的体，如图6-7-19所示。

图 6-7-16 【基本曲线】对话框

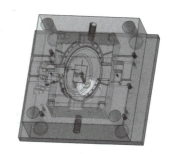

图 6-7-17 创建完成的直线

图 6-7-18 【拉伸】对话框

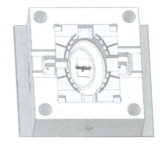

图 6-7-19 拉伸后的流道减腔体

(5) 选择【插入】→【偏置/缩放】→【偏置面】 命令，系统弹出图 6-7-20 所示的【偏置面】对话框。选中流道减腔体的 2 个面，将【偏置】设置为 -3.5 mm，单击【应用】按钮，系统会将梯形体的长边减短，如图 6-7-21 所示。

(6) 选择【主页】→【特征】→【边倒圆】 命令，系统弹出图 6-7-22 所示的【边倒圆】对话框。选中倒圆的边，将【半径 1】设置为 3 mm，单击【确定】按钮，系统会将梯形体选中的边倒圆，如图 6-7-23 所示。

图6-7-20 【偏置面】对话框

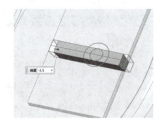

图6-7-21 偏置后的流道减腔体

图6-7-22 【边倒圆】对话框

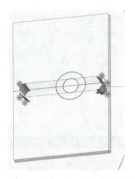

图6-7-23 倒圆后的流道减腔体

(7) 按 Ctrl + B 快捷键将刚创建的梯形截面曲线隐藏。单击拉伸按钮 ▇，系统弹出图6-7-24 所示的【拉伸】对话框。在【选择曲线】处选中创建好的曲线，在【指定矢量】下拉列表框中选择 ZC 命令，在【结束】下拉列表框中选择【值】命令，将其【距离】设置为 1.5 mm，在【拔模】下拉列表框中选择【从起始限制】命令，将【角度】设置为 5 deg，在【偏置】选项组的【偏置】下拉列表框中选择【两侧】命令，将【开始】设置为 – 3.5 mm，【结束】设置为 3.5 mm，最后单击【应用】按钮，系统会生成一个梯形的浇口，如图6-7-25 所示。

图6-7-24 【拉伸】对话框

图6-7-25 拉伸的浇口减腔体

(8) 单击偏置面按钮 ![icon], 系统弹出图 6-7-26 所示的【偏置面】对话框。选中偏置的面, 将【偏置】设置为 0.5 mm, 单击【应用】按钮, 系统会将梯形体的长边减短, 如图 6-7-27 所示。

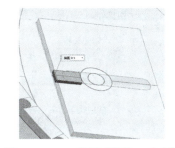

图 6-7-26 【偏置面】对话框　　　　图 6-7-27 偏置后的浇口减腔体

(9) 选择【主页】→【特征】→【拔模】命令, 系统弹出图 6-7-28 所示的【拔模】对话框。在【类型】下拉列表框中选择【从边】命令, 在【指定矢量】下拉列表框中选择 XC 命令, 将【角度1】设置为 5 deg, 然后在模型中选中要拔模的边, 最后单击【应用】按钮, 完成拔模, 如图 6-7-29 所示。

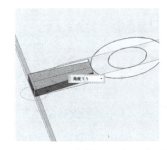

图 6-7-28 【拔模】对话框　　　　图 6-7-29 拔模后的浇口减腔体

(10) 将【角度1】设置为 -5 deg 命令, 如图 6-7-30 所示。在模型中选中浇口的底边, 单击【确定】按钮, 系统会将浇口减腔体底部拔模, 如图 6-7-31 所示。另一侧的浇口也按照步骤(7)~步骤(10)来创建。

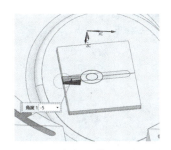

图 6-7-30 【拔模】对话框　　　　图 6-7-31 底部拔模后的浇口减腔体

(11) 单击边倒圆按钮，系统弹出图 6-7-32 所示的【边倒圆】对话框。选中流道底面，将【半径 1】设置为 3 mm，单击【确定】按钮，系统会将梯形体选中的边倒圆，如图 6-7-33 所示。

图 6-7-32　【边倒圆】对话框

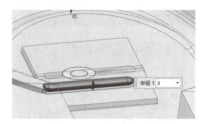

图 6-7-33　倒圆后的流道减腔体

(12) 选择【主页】→【特征】→【求差】命令，系统弹出图 6-7-34 所示的【求差】对话框。将【目标】设置为前模仁，【工具】设置为流道与浇口的减腔体，然后勾选【保存工具】复选框，完成后单击【确定】按钮，系统会用流道和浇口对前模仁求差，如图 6-7-35 所示。

图 6-7-34　【求差】对话框

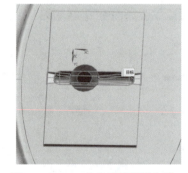

图 6-7-35　求差后的流道和浇口

(13) 选择【益模模具设计大师】→【腔体工具】命令，系统弹出图 6-7-36 所示的【EMoldDM 腔体工具】对话框。将浇口套选为目标体，将流道选为工具体，单击【确定】按钮，系统会用流道对浇口套进行开腔，如图 6-7-37 所示。

图 6-7-36　【EMoldDM 腔体工具】对话框

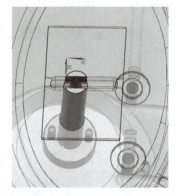

图 6-7-37　流道对浇口套开腔

(14) 选择【曲线】→【基本曲线】命令，系统弹出图 6-7-38 所示的【基本曲线】对话框。在对话框中单击圆按钮 ⃝，在【点方法】下拉列表框中选择圆心 ⊙ 命令，然后在模型浇口套处创建一个 9 mm 的圆，要求与浇口套同心，如图 6-7-39 所示。

图 6-7-38 【基本曲线】对话框　　　　图 6-7-39 创建完成的圆

(15) 单击拉伸按钮 ▯，系统弹出图 6-7-40 所示的【拉伸】对话框。在【选择曲线】处选中创建好的曲线，在【指定矢量】下拉列表框中选择 -ZC 命令，在【结束】下拉列表框中选择【值】命令，将其【距离】设置为 110 mm，最后单击【应用】按钮，系统会生成一个圆柱形的体，如图 6-7-41 所示。

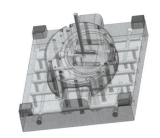

图 6-7-40 【拉伸】对话框　　　　图 6-7-41 拉伸后的冷料穴减腔体

（16）单击拔模按钮 ，系统弹出图6-7-42所示的【拔模】对话框。在【类型】下拉列表框中选择【从边】命令，在【指定矢量】下拉列表框中选择XC命令，将【角度1】设置为5 deg，然后在图形中选中要拔模的边，最后单击【应用】按钮，完成拔模，如图6-7-43所示。

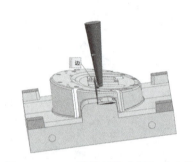

图6-7-42　【拔模】对话框　　　　图6-7-43　拔模后的冷料穴减腔体

（17）单击求差按钮 ，系统弹出图6-7-44所示的【求差】对话框。将【目标】设置为后模仁，【工具】设置为冷料穴的减腔体，然后不勾选【保存工具】复选框，最后单击【确定】按钮，系统会用冷料穴的减腔体对后模仁求差，如图6-7-45所示。

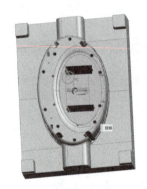

图6-7-44　【求差】对话框　　　　图6-7-45　求差后的冷料穴

（18）选择【益模模具设计大师】→【结构设计】→【顶出系统设计】命令，系统弹出图6-7-46所示的【顶出系统设计】对话框。在【顶出类型】下拉列表框中选择【顶针设计】命令，在【详细分类】下拉列表框中选择【圆顶针】命令，并根据图6-7-46设置相关参数，然后单击选择模仁按钮 ，在模型中选中后模仁，单击指定点按钮 ，系统弹出点对话框，在模型中选中圆，然后单击【取消】按钮，系统返回【顶出系统设计】对话框，单击【应用】按钮，系统会在模型中创建对应的顶针，如图6-7-47所示。

（19）在【顶出系统设计】对话框中，选中【后处理】单选按钮，如图6-7-48所示。单击自动切头部按钮 ，系统会根据模仁的外形对钩针切头部，然后单击开腔按钮 ，系统会用司筒对相关零件进行开腔，如图6-7-49所示。

226

项目六 保护罩模具设计（含滑块抽芯）

图6-7-46 【顶出系统设计】对话框

图6-7-47 创建完成的顶针

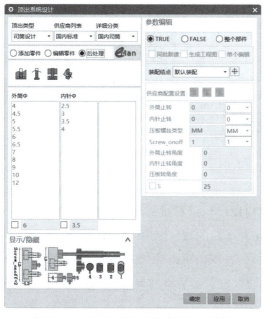

图6-7-48 【顶出系统设计】对话框

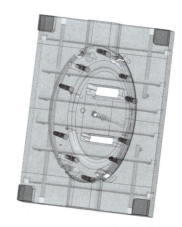

图6-7-49 司筒开腔完成

任务八 辅助零件设计

一、调用前后模仁螺钉

选择【益模模具设计大师】→【结构设计】→【螺钉设计】命令，系统弹出【螺钉设计】对话框，如图6-8-1所示。在【规格】下拉列表中选择M10命令，在【定位方式】下拉

227

列表框中选择 A 命令,单击选择起始面按钮 ⬛,在模型中选中 A 板反面,然后单击布点按钮 ⬛,进入布点界面。按 S 键切换成四角镜像,按 Q 键将步距改为整数,在图形中完成布点,单击【取消】按钮,系统返回【螺钉设计】对话框,单击【应用】按钮,系统会生成螺钉。在【螺针设计】对话框中选择【编辑】单选按钮,单击开腔按钮 ⬛,系统会用螺钉对相关零件进行开腔。B 板用相同的方法布置螺钉并开腔,如图 6-8-2 所示。

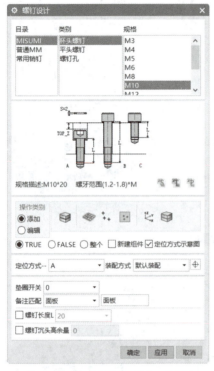
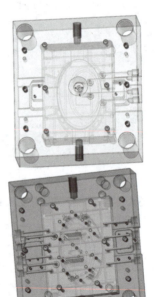

图 6-8-1　【螺钉设计】对话框　　　图 6-8-2　螺钉开腔完成

二、调用回针弹簧、支撑柱

(1) 选择【益模模具设计大师】→【结构设计】→【标准件库】命令,系统弹出【标准件库】对话框,如图 6-8-3 所示。在【目录】下拉列表框中选择【标准配件库】→【弹簧】→【黄弹簧组合】命令,将滚动条滑到最下面,将顶出距离参数 EJ-dist 设置为 55.00,然后单击【应用】按钮,系统会在回针处生成回针弹簧。单击【开腔】按钮 ⬛,系统会用弹簧的体对 B 板进行开腔,如图 6-8-4 所示。

(2) 选择【益模模具设计大师】→【结构设计】→【标准件库】命令,系统弹出【标准件库】对话框,如图 6-8-5 所示。在【目录】下拉列表框中选择【标准配件库】命令,在下方列表中选择【支撑柱】命令,在【参数设置】选项卡的【规格类型】下拉列表框中选择 40 命令,单击【指定位置】按钮,系统会弹出布点界面。按 S 键将布点切换成以 XC-ZC 平面镜像,按 Q 键将移动步距改为整数,在图形中完成布点然后单击【取消】按钮,系统返回【标准件库】对话框,再单击【应用】按钮,系统会在布点位置生成 4 个支撑柱。单击开腔按钮 ⬛,系统会用支撑柱的减腔体对相关零件进行开腔,如图 6-8-6 所示。

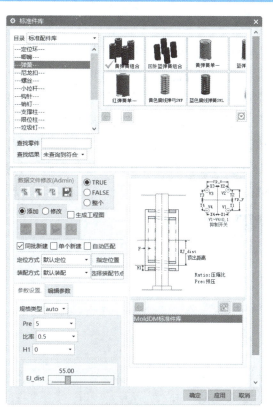

图 6-8-3 【标准件库】对话框

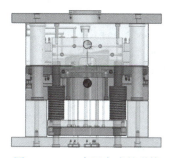

图 6-8-4 布置完成的弹簧

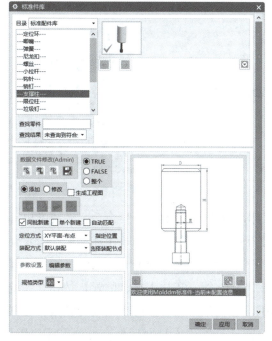

图 6-8-5 【标准件库】对话框

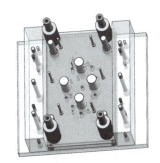

图 6-8-6 支撑柱开腔完成

三、调用限位柱及垃圾钉

(1) 选择【益模模具设计大师】→【结构设计】→【标准件库】命令,系统弹出【标准件库】对话框,如图6-8-7所示。在【目录】下拉列表框中选择【标准件库】命令,在下方列表中选择【限位柱】命令,在【参数设置】选项卡的【规格类型】下拉列表框中选择φ35命令,将高度H设置为15.00,然后单击【指定位置】按钮,系统会弹出布点界面。按S键将布点切换成四角镜像,按Q键将移动步距改为整数。在图形中完成布点后单击【取消】按钮,系统返回【标准件库】对话框,再单击【应用】按钮,系统会在布点位置生成4个限位柱。最后单击开腔按钮,系统会用限位柱的螺钉对顶针面板进行开腔,如图6-8-8所示。

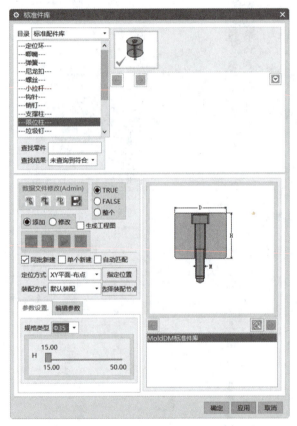

图6-8-7 【标准件库】对话框　　　　图6-8-8 限位柱开腔完成

(2) 选择【益模模具设计大师】→【结构设计】→【标准件库】命令,系统弹出【标准件库】对话框,如图6-8-9所示。在【目录】下拉列表框中选择【标准配件库】命令,在下方列表中选择【垃圾钉】命令,在右边图片中选择第2种垃圾钉命令,在【参数设置】选项卡的【规格类型】下拉列表框中选择D25命令,单击【指定位置】按钮,系统会弹出布点界面。按S键将布点切换成四角平面镜像,按Q键将移动步距改为整数,在图形中完成布点,然后单击【取消】按钮,系统返回【标准件库】对话框,再单击【应用】按钮,系统会在布点位置生成垃圾钉。最后单击开腔按钮,系统会用垃圾钉对相关零件进行开腔,如图6-8-10所示。

项目六 保护罩模具设计(含滑块抽芯)

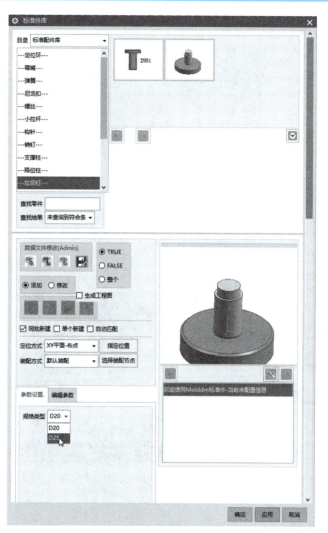

图6-8-9 【标准件库】对话框

图6-8-10 垃圾钉开腔完成

四、创建撬模槽及顶出孔

(1)选择【益模模具设计大师】→【结构设计】→【标准件库】命令,系统弹出【标准件库】对话框,如图6-8-11所示。在【目录】下拉列表框中选择【标准件库】命令,在下方列表中选择【撬模槽】命令,在【参数设置】选项卡的【规格类型】下拉列表框中选择【30×30×5】命令,在【定位方式】下拉列表框中选择【面-点】命令,然后单击【指定位置】按钮,在弹出的对话框中选中A板的顶面,系统会自动弹出【点】对话框,将点设置为绝对坐标原点,X、Y、Z设置为0,然后单击【取消】按钮,系统返回【标准件库】对话框,再单击【应用】按钮,系统会在布点位置生成撬模槽。最后单击开腔按钮 ,系统会用撬模槽的体对A板进行开腔,如图6-8-12所示。

(2)选择【插入】→【抽取派生曲线】→【抽取曲线】 命令,系统弹出图6-8-13所示的【抽取曲线】对话框。在模型中选中定位环的边,单击【确定】按钮,系统会在模型中抽取对应的曲线,如图6-8-14所示。

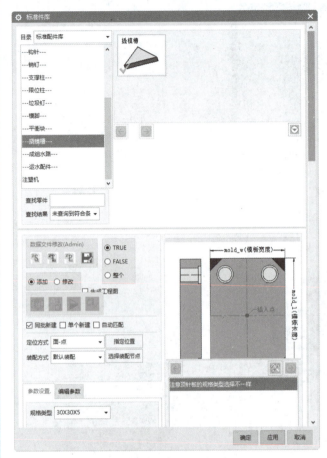

图 6-8-11 【标准件库】对话框

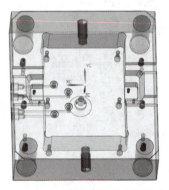

图 6-8-12 撬模槽创建并开腔完成

图 6-8-13 【抽取曲线】对话框

图 6-8-14 抽取曲线

(3) 单击拉伸按钮 ▥，系统弹出图 6-8-15 所示的【拉伸】对话框。选中抽取的曲线，在【指定矢量】下拉列表框中选择 -ZC 命令，在【结束】下拉列表框中选择【值】命令，将其【距离】设置为 520 mm，最后单击【确定】按钮，系统会生成一个圆柱形的体，如图 6-8-16 所示。

(4) 选择【插入】→【同步建模】→【调整面大小】▥ 命令，系统弹出图 6-8-17 所示的【调整面大小】对话框。在图形中选中圆柱体的面，然后在【大小】选项组将【直径】设置为 45 mm，最后单击【确定】按钮，完成圆柱体的调整，如图 6-8-18 所示。

项目六 保护罩模具设计（含滑块抽芯）

图 6-8-15 【拉伸】对话框

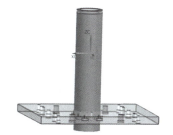

图 6-8-16 生成圆柱形的体

图 6-8-17 【调整面大小】对话框

图 6-8-18 调整后的圆柱体

（5）选择【益模模具设计大师】→【腔体工具】命令，系统弹出图 6-8-19 所示的【EMoldDM 腔体工具】对话框。将底板选为目标体，将创建的圆柱体选为工具体，单击【确定】按钮，系统会用创建的圆柱体对底板进行开腔，最后将创建的圆柱体与曲线放置到第 256 层，如图 6-8-20 所示。

图 6-8-19 【EMoldDM 腔体工具】对话框

图 6-8-20 圆柱体开腔完成

233

(6) 双击底板,将其设置为工作部件,单击倒斜角按钮,系统弹出图 6-8-21 所示的【倒斜角】对话框。在图形中选中孔的边,在【横截面】下拉列表框中选择【对称】命令,将【距离】设置为 2 mm,单击【确定】按钮,系统会将边进行倒角,如图 6-8-22 所示。

图 6-8-21 【倒斜角】对话框

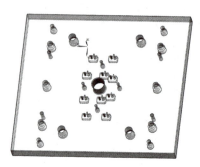

图 6-8-22 倒斜角的顶出孔

任务九　BOM 表设计

一、析出非装配件

(1) 选择【益模模具设计大师】→【BOM】→【析出功能】命令,系统弹出图 6-9-1 所示的【析出功能】对话框。在【析出方式】选项组选择【单体析出】单选按钮,在【零件大类】列表中选择【前模胶位件】命令,在【零件名称】列表中选择【上内模】命令,在【材料】列表中选择 NAK80 命令。在模型中将前模仁选中,单击【应用】按钮,系统会将前模仁析出为装配件,如图 6-9-2 所示。

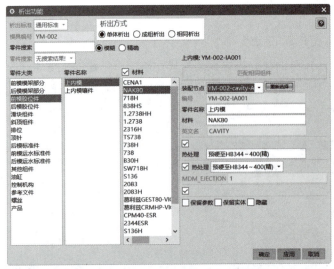

图 6-9-1 【析出功能】对话框

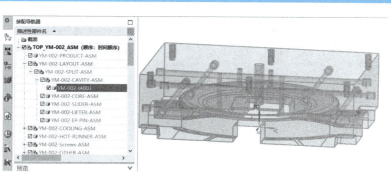

图 6-9-2　析出的前模仁

（2）在【析出功能】对话框中，在【析出方式】选项组选择【单体析出】单选按钮，在【零件大类】列表中选择【后模胶位件】命令，在【零件名称】列表中选择【下内模】命令，在【材料】列表中选择 NAK80 命令，如图 6-9-3 所示。在模型中将后模仁选中，单击【应用】按钮，系统会将后模仁析出为装配件，如图 6-9-4 所示。其他后模小镶件也用相同的方法析出。

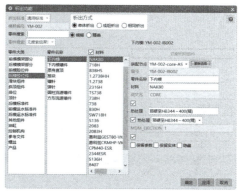

图 6-9-3　【析出功能】对话框

 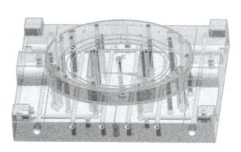

图 6-9-4　析出的后模仁

二、BOM 表导出

（1）选择【益模模具设计大师】→【BOM】→【BOM 表功能】命令，系统弹出图 6-9-5 所示的【BOM 表】对话框。在对话框中单击【自动识别零件信息】按钮，系统会根据文件自动识别零件信息。

235

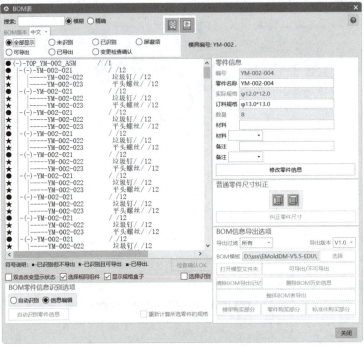

图 6-9-5 【BOM 表】对话框

(2)在【BOM 表】对话框中选中【可导出】单选按钮,在明细列表中选中没有名称的零件,在【零件名称】文本框输入【前模仁堵头】,单击【修改零件信息】按钮,系统会将零件名称更正,如图 6-9-6 所示。其他零件的信息也用同样的方法更正。

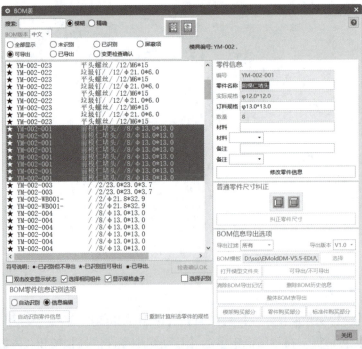

图 6-9-6 修改零件信息

(3) 在【BOM 表】对话框中单击 BOM 报表导出按钮,然后单击【整体 BOM 表导出】按钮,如图 6-9-7 所示。按照系统设置导出路径与导出文件名称,单击【确定】按钮后,BOM 表导出完成。

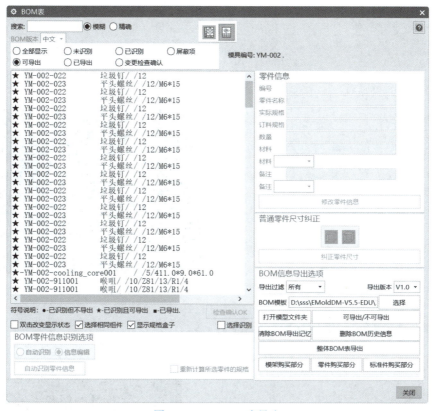

图 6-9-7 BOM 表导出

任务十 工程图设计

一、投影视图

(1) 在模型中右击 A 板,选择【设为显示部件】命令,系统会将 A 板设置为显示部件。然后选择【益模模具设计大师】→【工程图】→【工程图】命令,系统弹出图 6-10-1 所示的【工程图】对话框。按图 6-10-1 设置参数,最后单击【确定】按钮,系统会生成对应的工程图,如图 6-10-2 所示。

(2) 双击工程图图框中的视图,系统弹出【设置】对话框,如图 6-10-3 所示,选中【可见线】,将颜色改为【白色】,将线形改为【实体】,将线宽改为 0.25 mm,最后单击【确定】按钮,系统会根据设置生成视图,如图 6-10-4 所示。

(3) 选择【插入】→【中心线】→【2D 中心线】命令,系统弹出【2D 中心线】对话框,如图 6-10-5 所示。在【类型】下拉列表框中选择【从曲线】命令,在图形中将 2 条短边选中,系统会创建对应的中心线,如图 6-10-6 所示。其他视图也按相同的方法设置。

图 6-10-1 【工程图】对话框

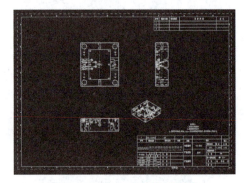

图 6-10-2 生成的工程图

图 6-10-3 【设置】对话框

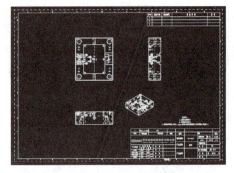

图 6-10-4 编辑主视图线形与颜色

（4）选择【插入】→【视图】→【剖视图】命令，系统弹出【剖视图】对话框，如图 6-10-7 所示。在图形中画出对应的剖面曲线，将剖视图放置到对应的位置，如图 6-10-8 所示。

二、工程图标注尺寸

（1）选择【插入】→【尺寸】→【坐标尺寸】命令，系统弹出【坐标尺寸】对话框，如图 6-10-9 所示。先选中 A 板平面中心为坐标尺寸的基准点，然后标注其他尺寸，如图 6-10-10 所示。

图 6-10-5 【2D 中心线】

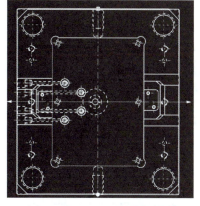

图 6-10-6 2D 中心线创建

图 6-10-7 【剖视图】对话框

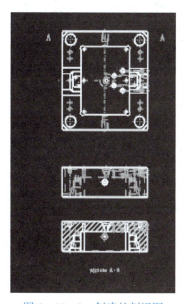

图 6-10-8 创建的剖视图

（2）选择【插入】→【尺寸】→【快速尺寸】命令，系统弹出【快速尺寸】对话框，如图 6-10-11 所示。选中要标注尺寸的 2 条边，系统就会在图中标注出其线性尺寸，如图 6-10-12 所示。其他视图与模型也按同样的方法标注。

图 6-10-9 【坐标尺寸】对话框

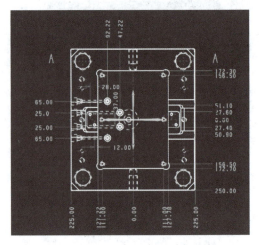

图 6-10-10 坐标尺寸标注

图 6-10-11 【快速尺寸】对话框

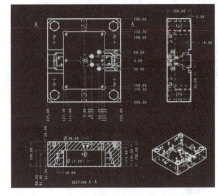

图 6-10-12 标注完成的线性尺寸

附录1 不同塑料所用钢材型号参考列表

不同塑料所用钢材型号见附表1-1。

附表1-1 不同塑料所用钢材型号参考列表

中文名称	英文名称	收缩率（%）	钢材选用
聚乙烯	PE	2.0	前模718H 后模738H
聚丙烯	PP	1.6	前模718H 后模738H
聚丙烯（透明）	PP（透明）	1.6	前模718H 后模738H
通用聚苯乙烯	GPPS	0.5	前模718H 后模738H
高抗冲聚苯乙烯	HIPS	0.5	前模718H 后模738H
聚甲基丙烯酸甲酯	PMMA	0.5	前模136H 后模136H
聚甲醛	POM	1.8	前模136H 后模136H
聚碳酸酯	PC	0.5	前模718H 后模738H
聚碳酸酯（透明）	PC（透明）	0.5	前模136H 后模136H
丙烯腈-丁二烯-苯乙烯共聚物	ABS Copolymer	0.5	前模718H 后模738H
尼龙	PA	1.8	前模136H 后模136H
尼龙+30%玻纤	PA+30%GF	0.5	前模136H 后模136H
聚氯乙烯	PVC	2.0	前模136H 后模136H
苯乙烯-丙烯腈共聚物	AS树脂（SAN）	0.5	前模136H 后模136H
电木	PF	0.8	前模8407H 后模8407H

附录2　常见制品缺陷及产生原因

一、短射

短射是指由于模具模腔填充不完全而造成制品不完整的质量缺陷，即熔体在完成填充之前就已经凝结。

1. 产生原因

（1）流动受限。浇注系统设计不合理导致熔体流动受到限制，流道过早凝结。

（2）出现滞留或制品流程过长、过于复杂。

（3）模具温度或者熔体温度过低，降低了熔体的流动性，导致填充不完全。

（4）成型材料不足。注塑机注塑量不足或者螺杆速率过低也会造成短射。

（5）注塑机缺陷。入料堵塞或螺杆前端缺料等，都会造成压力损失和成型材料体积不足，形成短射。

2. 解决方案

（1）避免滞流现象产生。

（2）尽量消除气穴，将气穴放置在容易排气的位置或者利用顶杆排气。

（3）增加模具温度和熔体温度。

（4）增加螺杆速率。螺杆速率的增加会产生更多的剪切热，降低熔体黏性，增加流动性。

（5）改进制件设计，平衡流道，尽量减小制件的厚度差异，减小制件流程的复杂程度。

（6）更换成型材料，选用具有较小黏性的材料。材料黏性小，易于填充，同时降低了注塑压力。

（7）增加注塑压力。

二、气穴

气穴是指由于熔体前沿汇聚而在塑料内部或者模腔表层形成气泡。气穴有可能导致短射的发生，造成填充不完全和保压不充分，形成最终制件的表面瑕疵，甚至可能由于气体压缩产生热量而出现焦痕。

1. 产生原因

（1）滞留。

（2）流动不平衡，即使制件厚度均匀，各个方向上的流动也不一定相同。

（3）排气不充分，在制件最后填充区域缺少排气口或者排气口不足。

（4）跑道效应。

2. 解决方案

（1）平衡流动。

（2）避免出现滞流和跑道效应，修改浇注系统，使最后填充区域位于易排气位置。

（3）排气充分，将气穴放置在容易排气的位置或者利用顶杆排放气体。

三、熔接痕和熔接线

当两个或多个流动在前沿融合时，会形成熔接痕或熔接线。两者的区别在于融合流动前沿夹角的大小。

熔接线位置上的分子趋向变化强烈，因此，该位置的机械强度明显减弱。熔接痕要比熔接线的强度大，视觉上的缺陷也不如熔接线明显。熔接痕和熔接线出现的部位还有可能出现凹陷、色差等质量缺陷。

1. 产生原因

由于制件的几何形状，填充过程中出现两个或者两个以上流动前沿，易形成熔接痕。

2. 解决方案

（1）增加模具温度和熔体温度，使两个相遇的熔体前沿融合得更好。

（2）增加螺杆速率。

（3）改进浇注系统的设计，在保持熔体流动速率前提下减小流道尺寸，以产生摩擦热。

（4）如果不能消除熔接线和熔接痕，那么应使其位于制件上较不敏感的区域，以防止影响制件的机械性能和表观质量。改变浇口位置和制件壁厚都可改变熔接线和熔接痕的位置。

（5）在重要熔接痕位置上方设立热流道，提高该处熔体前沿汇交时的温度，从而消除熔接痕。

四、滞留

滞留是指某个流动路径上熔体的流动变缓甚至停止。

1. 产生原因

（1）制件的壁厚有差异。如果流动路径上存在壁厚差异，熔体会先选择阻力较小的壁厚区域填充，这会造成薄壁区域填充缓慢或者停止填充。

（2）滞留通常出现在筋、制件上与其他区域存在较大厚度差异的薄壁区域等。滞流产生制件表面变化，导致保压效果降低、高应力和分子趋向不均匀，从而降低制件质量。如果滞留的流动前沿完全冷却，那么成型缺陷就由滞留变为短射。

2. 解决方案

（1）浇口位置远离可能发生滞流的区域，尽量使容易发生滞流的区域成为最后填充区域。

（2）增加容易发生滞流区域的壁厚，从而减小其对熔体流动的阻力。

（3）选用黏度较小的成型材料。

（4）增加注塑速率，以减少滞流时间。

（5）提高熔体温度，使熔体更容易进入滞流区域。

五、飞边

飞边是指在分型面或者顶杆部位从模具模腔溢出的薄层材料。飞边仍然和制件相连，通常需要手工清除。

1. 产生原因

（1）模具分型面闭合性差，模具变形或者存在阻塞物。
（2）锁模力过小，锁模力必须大于模具模腔内的压力，以有效保证模具闭合。
（3）过度保压。
（4）成型条件有待优化，如成型材料黏度、注塑速率、浇注系统等。
（5）排气位置不当。

2. 解决方案

（1）确保模具分型面能很好地闭合。
（2）避免保压过度。
（3）选择具有较大锁模力的注塑机。
（4）设置合适的排气位置。

附录3 常用热塑性塑料

常用热塑性塑料的性能指标见附表3-1。

附表3-1 常用热塑性塑料的性能指示

名称	密度/ (kg·cm^{-3})	特性	用途	缩水率(%)
ABS	1.02~1.16	耐冲击,引张强度和刚性都高,这些性质在低温时也不会改变。有较好的耐热性能,耐化学药品,尺寸稳定,加工容易,并且材料价格便宜	电器零件、收音机外壳、吸尘器零件等	0.3~0.8
PS	1.04~1.06	无色透明,硬而稍脆,耐水性好,电气绝缘性非常优越,不受强酸和强碱侵蚀,但对有机溶剂缺乏耐力,耐热性不好。此外,成型性非常好,可自由着色,但稍脆	餐桌用品、商品容器、玩具、水果盘、牙刷、肥皂盒等	0.2~1.0
PE	0.91~0.93	乳白色半透明或者不透明,比水轻,柔软、耐水性、电气绝缘性、耐酸性都非常好,对大多数药品性能稳定,易成型。但是耐热性不好,化学性能也不活泼,导致印刷不清和墨水附着力差	各种瓶子、渔网、粗绳、电话架线、切菜板、垃圾箱、胶膜等	0.5~2.5
PC	1.02	无色至淡黄色透明,引张强度高,耐冲击性好,这些性质可与金属材料相比较,且不会因温度而有太大变化。抗紫外线,但需220~230℃才能软化熔融,黏度也大,故成型较难,需高温、高压	安全帽及各种机械零件、计量器外壳、电气机械零件	0.4~0.7
PA	1.13~1.15	强韧、表面光滑且耐磨、吸振性强、耐热、耐寒,从高温到低温都可安定使用,耐药品,一般都容易吸湿,尺寸与强度会因此而有很大变化	常专用于收音机、复印机、溜冰鞋底、刷子毛、梳子、枪壳等	0.6~2.5
PP	0.9~0.91	耐热性和强度都很高,密度只有0.9~0.91 kg/cm^3,是最轻的塑胶。透明性好,抗拉强度与表面硬度都高,但是在低温时不耐冲击,不耐紫外线	电器外壳、渔网、粗绳、水桶、食品包装、管类、滤布、胶膜等	1.0~2.5

续表

名称	密度/$(kg \cdot cm^{-3})$	特性	用途	缩水率（%）
PMMA	1.17~1.20	与 PS 材料一样，是塑料材料透明度最佳的塑料。耐候性好，较难割伤，可作为板状的有机玻璃，也可加热弯曲与曲面。可着色成华丽的色调	汽车零件、照明罩、光学透镜、假牙、隐形眼镜等	0.2~0.8
PVC	软 1.16~1.35	强度、电气绝缘性、耐药品性好，加可塑剂会软化，耐热性不好	软 PVC 可做桌布、包装膜、手提包、防化靴等	1.5~3.0
	硬 1.35~1.45		硬 PVC 可做招牌、电气零件、耐药品器具等	0.6~1.5